LA GUERRE

UN EFFORT A FAIRE

LES INDUSTRIES CHIMIQUES
EN FRANCE ET EN ALLEMAGNE

APERÇU GÉNÉRAL SUR LES CAUSES DE LEUR DÉVELOPPEMENT COMPARATIF

CONFÉRENCES FAITES PAR M. FLEURENT
PROFESSEUR DE CHIMIE INDUSTRIELLE

BERGER-LEVRAULT, LIBRAIRES-ÉDITEURS

PARIS
5-7, RUE DES BEAUX-ARTS

NANCY
18, RUE DES GLACIS

1915

Prix : 75 centimes.

UN EFFORT A FAIRE

LES

INDUSTRIES CHIMIQUES

EN FRANCE ET EN ALLEMAGNE

CONSERVATOIRE NATIONAL DES ARTS ET MÉTIERS

LA GUERRE

UN EFFORT A FAIRE

LES INDUSTRIES CHIMIQUES

EN FRANCE ET EN ALLEMAGNE

APERÇU GÉNÉRAL SUR LES CAUSES DE LEUR DÉVELOPPEMENT COMPARATIF

CONFÉRENCES FAITES PAR M. FLEURENT

PROFESSEUR DE CHIMIE INDUSTRIELLE

BERGER-LEVRAULT, LIBRAIRES-ÉDITEURS

PARIS
5-7, RUE DES BEAUX-ARTS

NANCY
18, RUE DES GLACIS

1915

LES

INDUSTRIES CHIMIQUES

EN FRANCE ET EN ALLEMAGNE

PREMIÈRE CONFÉRENCE

Lundi 4 janvier 1915

MESDAMES, MESSIEURS,

Il y a quarante-quatre ans, après une campagne où, malgré l'héroïsme de nos soldats, la fortune avait trahi nos armes, la célèbre et ignominieuse parole de Bismarck : « La force prime le droit », présidait, devant les nations européennes qui paient aujourd'hui les fautes de leur indifférence, à la signature du traité de Francfort.

Ce traité nous laissait politiquement divisés, diminués dans notre territoire et, par ses conséquences économiques immédiates et futures, à peu près ruinés financièrement et commercialement.

A l'Allemagne, au contraire, il donnait tout : l'argent pour faire face à ses dépenses, la richesse en réserve sur le sol d'Alsace et de Lorraine, l'union par la création de l'Empire et, pour féconder toute cette puissance en germe, le prestige qu'apporte la victoire.

Mais, Messieurs, la fortune ne produit pas les mêmes effets dans tous les cœurs.

Chez les uns, chez ceux qui en sont dignes, en apportant avec elle les moyens de relever les conditions esthétiques de la vie, elle grandit dans le cerveau le respect du prochain et la beauté des sentiments altruistes.

Chez les autres, au contraire, en exaltant l'opinion trop avantageuse qu'ils ont d'eux-mêmes, elle leur ferme les yeux sur l'horizon. Ils s'habituent ainsi à n'admettre comme supérieur que ce qui vient d'eux-mêmes et, petit à petit, à ne considérer leurs semblables que comme des êtres ayant tout au plus les qualités requises pour les servir. Lorsque cet état d'esprit se généralise, lorsqu'il passe de l'individu à la nation tout entière, il développe chez celle-ci un besoin de domination qui ne tarde pas à devenir insupportable pour les voisins et à préparer des conflits auxquels, malheureusement encore, la guerre seule peut mettre un terme.

C'est le cas de l'Allemagne actuelle. L'Empereur qui dirige ses destinées a recueilli le fruit des victoires de 1870. Il a pris le pouvoir au moment où, pour des raisons que nous aurons à examiner, l'essor industriel et commercial de l'Empire commençait à se manifester et il en a reporté toutes les causes au triomphe de ses armes. Il n'a plus douté alors un seul instant que la puissance militaire fût le terme suprême de l'organisation sociale et que, grâce à elle, secondée par une natalité la développant sans cesse, il pouvait, à l'abri des obusiers de 420, arriver à imposer à l'Europe, et après l'Europe au monde entier, tous les produits de la pensée et de l'industrie allemandes. Le *Deutschland über alles* n'a pas d'autre signification.

Qu'importe à Guillaume II qu'au cours de sa douloureuse histoire, l'humanité ait travaillé sans cesse à libérer la raison de la force brutale ? Que lui importe même que les savants et les penseurs allemands aient à certaines heures apporté leur pierre à l'œuvre d'indépendance des races et des peuples ? Pour faire triompher sa conception, il remontera le cours de cette histoire ; et nous savons maintenant par les faits eux-mêmes que, du haut en bas de l'échelle, il a réussi à l'imposer à son peuple, réveillant ainsi chez celui-ci les instincts de destruction, de vol et de rapines, qui datent d'un autre âge, qu'on croyait à jamais disparus de l'Europe civilisée et qui se donnent aujourd'hui libre cours.

Mesdames et Messieurs, on a dit que c'était l'instituteur allemand qui nous avait vaincus en 1870. Nous pouvons affirmer, avec le même degré de raison, que c'est encore l'instituteur, ou, d'une façon plus exacte, l'éducateur allemand qui a été l'instrument dont le Kaiser s'est servi pour propager sa doctrine à travers toutes les classes sociales, et qu'ainsi cet éducateur, en rendant généraux la folie des grandeurs et le délire de persécution dont la famille impériale est atteinte, après en avoir déterminé la puissance, aura causé la perte du peuple allemand.

On n'en peut pas douter lorsqu'on lit le factum qu'on a appelé le *Manifeste des intellectuels allemands*.

Tous ceux qui étaient au courant des méthodes imposées à la pédagogie d'outre-Rhin appliquée à l'enseignement primaire, tous ceux qui plus particulièrement savaient comment, tous les jours, par ordre supérieur, l'instituteur chantait aux petits Alsaciens et Lorrains annexés la supériorité et la gloire de la patrie allemande, n'ont pas lieu d'être surpris que, au niveau inférieur de l'enseignement, le despotisme destiné à façonner, dès sa croissance, le cerveau de l'enfant à la discipline de fer que réclame le système de l'état militaire, ait été accepté sans discussion possible.

La preuve restait à faire cependant de la domestication de cet enseignement supérieur qui, pour l'analyse des grands phénomènes de tous ordres, s'honore, dans toutes les nations, de la liberté la plus complète.

Au cours de certaines expositions et de congrès scientifiques internationaux, et particulièrement au cours d'une mission accomplie à Berlin au moment de la création du laboratoire d'essais du Conservatoire, j'ai eu l'occasion de causer longuement avec quelques-uns des plus célèbres professeurs du haut enseignement allemand.

Évidemment, dans ces conversations, un excès de politesse et d'amabilité à notre égard ne m'avait pas échappé. Mais j'étais revenu convaincu que les hommes des laboratoires allemands étaient surtout fiers de leurs travaux, de l'honneur qu'on leur faisait de venir les étudier de près et de l'hommage rendu à la répercussion que la science a eue sur le développement de l'industrie allemande. Certes, ils manifestaient du respect pour leur empereur, mais la pointe d'ironie avec laquelle ils parlaient de son amour des parades militaires laissait deviner que, dans leur esprit, cette manie était excusable à la condition — et d'ailleurs il n'y avait pas à le craindre — qu'elle ne troublât pas les œuvres de la paix.

Il paraît que je m'étais trompé, ou que, tout au moins, l'orgueil s'est aussi à son tour emparé de l'esprit des savants allemands, puisque nous trouvons au bas du manifeste la signature des plus illustres d'entre eux, comme Oswald, l'homme des généralisations théoriques, Baeyer, dont les découvertes ont préparé la synthèse industrielle de l'indigo, Fischer dont les remarquables travaux sur les sucres sont devenus classiques — pour ne choisir que parmi les chimistes.

Et pourquoi cette signature, Mesdames et Messieurs? Est-ce, suivant la méthode scientifique, pour discuter les faits incriminés et tirer des preuves apportées contradictoirement des conclusions conformes à la vérité? Non, c'est pour affirmer, sans expérience ni contrôle, purement et simplement, c'est pour nier l'évidence même, suivant le procédé des brutaux et des ignorants, que ces intellectuels ont pris la plume. Et malheureusement, c'est plus encore : c'est pour glorifier et se solidariser avec l'œuvre de destruction commandée et accomplie, puisque ces Messieurs affirment que les soldats allemands ne commettent pas d'actes d'indiscipline; que, sans son militarisme, la civilisation dont les crimes sont sous les yeux de tous serait anéantie depuis longtemps et enfin que l'armée allemande et le peuple allemand ne font qu'un.

Et ainsi il n'y a pas de doute, qu'il s'agisse de l'enfance dont le cerveau est si malléable, qu'il s'agisse de la jeunesse dont l'enthousiasme est si facile à entretenir, à tous les stades de l'enseignement tous les maîtres se sont donné la main pour imprégner le peuple allemand de la suprême pensée du maître, développée par Treitschke et Bernhardi : l'individu n'est rien qu'un auxiliaire aveugle de l'État qui est la toute-puissance — *der Staat ist Macht* — et au-dessus de tous les États, par suite de tous les peuples, il y a l'État allemand.

C'est ce que résume dans dans une forte page du *New York Times,* le Dr Eliot, le président de la célèbre Université Harvard, aux États-Unis, que je demande la permission de vous citer :

« L'Allemagne unie a, pendant quarante ans, mis en valeur la théorie que la force était la source de toute grandeur personnelle et nationale... Que les faibles périssent, que les doux et les humbles s'inclinent devant les forts et les orgueilleux; que les incapables meurent. Le monde est toujours avec le plus fort; le plus fort doit être le maître...

« D'éminents penseurs allemands imaginèrent un supplément de doctrine à cette religion de l'âge de pierre : ils édifièrent une théorie mystique de l'État, entité majestueuse et grandiose qui comprend toutes les activités de la nation et les guide vers un but suprême. A cet idéal, tout Allemand doit une obéissance absolue. L'inconvénient de cette doctrine supplémentaire de la religion d'héroïsme et de la force, c'est qu'elle ne tient aucun compte de la liberté individuelle, mais exige de l'individu un sacrifice absolu. L'Allemand moderne est toujours contrôlé, dirigé, commandé. Il aspire à commander à son tour et à discipliner ceux qui sont plus faibles que lui. Il n'est pas un homme libre, au sens français, anglais ou américain du mot, il préfère ne pas l'être.

« La guerre actuelle est le résultat inévitable de ce désir d'impérialisme, d'autocratie du Gouvernement allemand, d'enrichissement rapide et de cette religion de la force. Ce que la Belgique et le Nord de la France ont souffert pendant les trois derniers mois suffit à prouver au monde ce que pourrait être la domination de l'Allemagne. Cette nouvelle morale allemande dont les commandements sont : sois actif, sois viril, sois dur, sois cruel, sois un maître, est l'auteur responsable de la guerre. C'est cet état de retour à la barbarie qui a finalement engendré le conflit où se débat l'Europe moderne. »

Mesdames et Messieurs, on ne saurait mieux dire. A l'esclavage brutal que représente une pareille doctrine, nous opposons le droit des individus et des peuples à développer librement leurs qualités personnelles et à apporter leur part de travail aux œuvres de progrès social dont s'enrichit l'humanité en marche vers un meilleur avenir. Aussi ce n'est pas seulement pour la civilisation européenne que la France et ses alliés dépensent à l'heure présente les meilleures de leurs forces, c'est pour le monde entier dont les œuvres durables ne peuvent se bâtir que sur le terrain solide de la paix fondée sur la liberté des nations.

Dès lors, comment ne pas comprendre de suite que cette guerre — qui doit, pour aussi longtemps que le cerveau humain peut le prévoir, nous apporter la tranquillité — ne puisse s'arrêter sans que sa cause ait disparu par la destruction du militarisme allemand? Et comment ne pas comprendre que tous, quel que soit l'état social auquel nous appartenons, nous soyons uniquement absorbés par la cause sacrée qui se joue en ce moment sur les champs de bataille, au point qu'en dehors de ce qui se rapporte à elle rien ne nous intéresse plus?

Cela est si vrai que le Conservatoire lui-même a dû changer de physionomie. Ses laboratoires sont déserts, soit parce que les maîtres sont ou attendent d'être mobilisés ou que leurs collaborateurs journaliers, préparateurs ou garçons de laboratoires sont aussi sous les armes; et ses amphithéâtres sont vides de cette jeunesse studieuse qui a dû abandonner nos cours du soir pour répondre à l'appel de la patrie. Je me permets, Mesdames et Messieurs, de saluer tous ces absents qui font vaillamment leur devoir aux postes qui leur sont assignés, de leur dire que toutes nos pensées vont à eux, et que, d'avance, notre reconnaissance leur est acquise, et pour le retour des provinces perdues et pour l'ère de paix féconde qu'ils préparent, de leur sang vaillamment répandu, aux générations futures.

Mais, Mesdames et Messieurs — et c'est ici que j'atteins le but plus particulier que je me propose — le Conservatoire, dont l'œuvre s'inscrit depuis plus d'un siècle sur le grand livre de l'Enseignement technique, en présence de la situation actuelle, ne pouvait se tenir inactif. Ses professeurs ont pensé qu'ils devaient rester reliés — en attendant la reprise normale des travaux — avec cette population parisienne qui leur témoigne journellement tant de confiance, soit pour lui permettre de mieux suivre la pratique des actes de guerre, soit pour lui apprendre à mieux utiliser les œuvres de solidarité qui permettent de porter remède aux infortunes du moment, soit pour préparer le champ des initiatives nouvelles qui devront, au lendemain de la signature de paix, se mettre au travail pour réparer les ruines et porter ensuite, aussi haut que possible, la richesse générale du pays.

C'est à ce dernier point de vue que je veux plus particulièrement me placer.

Un fait domine la situation économique actuelle des grandes nations européennes, c'est la prospérité industrielle et commerciale de l'Allemagne. Sur ce terrain, on peut dire qu'il ne saurait y avoir de contestation possible. Certainement aussi, la victoire de 1870 a été, d'une façon générale, le facteur initial de cette prospérité. Mais cette victoire a-t-elle été tout ou, ce qui semble rationnel, a-t-elle été surtout le stimulant de qualités spéciales, appliquées avec persévérance et méthode, et qui ont peu à peu amené le résultat favorable que nous constatons ?

Pour nous en rendre compte, étudions, sur ce tableau, les variations comparatives du commerce général de la France, de l'Angleterre et de l'Allemagne de 1884 à 1913.

TABLEAU

Commerce général (*en millions de francs*).

		Moyenne 1884-1891		1913		Multiplicateur total	Augmentation des exportations
France . .	Importations .	4.287	Différence 901	8.508	Différence 1.633		
	Exportations .	3.386		6.875			3.489
	Total.	7.673		15.383		2	
Angleterre.	Importations .	8,276	Différence 2.238	19.610	Différence 6.210		
	Exportations .	6.038		13.400			7.362
	Total.	14.314		33.010		2.3	
Allemagne.	Importations .	4.331	Différence 415	13.370	Différence 770		
	Exportations .	3.916		12.600			8.684
	Total.	8.247		25.970		3.15	

Ce tableau montre le développement commercial considérable pris par l'Allemagne dans ces vingt dernières années particulièrement.

En effet, tout d'abord, d'une façon générale, nous y voyons que c'est l'Allemagne qui a le plus développé son commerce total, puisqu'il est plus du triple de ce qu'il était en 1891, et que, parti d'un chiffre voisin de celui de la France, il lui est actuellement supérieur de plus de 10 milliards. Comparativement, le commerce général de la France et de l'Angleterre n'est guère que du double de ce qu'il était en 1891.

Si l'on entre dans les détails, on voit que c'est pour l'Allemagne que la différence entre les importations et les exportations, — ce qu'on nomme le *déficit commercial* qui, malgré les réserves qu'on peut faire sur sa valeur absolue, reste néanmoins l'un des indices principaux de la situation d'un pays vis-à-vis de l'étranger — que cette différence, dis-je, s'est maintenue la plus faible, indiquant une activité manufactutière toute spéciale.

Celle-ci se confirme d'ailleurs si on considère les chiffres relatifs aux exportations de chaque pays. Pour la France et l'Angleterre, celles-ci ont doublé depuis 1891, alors que pour l'Allemagne elles ont plus que triplé, confirmant ainsi l'invasion par ses produits manufacturés non seulement des grands marchés européens, mais aussi des autres marchés du monde. Il faut, au surplus, remarquer que le montant des exportations allemandes, qui en 1891 n'atteignait guère que la moitié du montant des exportations du Royaume-Uni, lui est maintenant sensiblement égal — 12.600 contre 13.400 — ce qui renforce les raisons qui poussent l'Angleterre à faire tous les efforts qui doivent conduire à la victoire, car la défaite marquerait pour elle la fin de cette prépondérance commerciale dont elle est si légitimement fière.

Ces constatations m'amènent à vous soumettre une réflexion. Analysant, il y a quelques jours, du point de vue philosophique, les causes de la guerre actuelle, M. Bergson disait :

« Aucun scrupule ne pouvait d'ailleurs retenir cette ambition. Grisée par sa victoire, par le prestige qu'elle y avait gagné et dont bénéficiaient son commerce, son industrie, sa science même, l'Allemagne s'enfonçait dans une prospérité matérielle comme elle n'en avait jamais connu, comme elle n'en eût pas osé rêver. »

Les chiffres que nous avons examinés précédemment viennent à l'appui de cette affirmation. En particulier, par la conséquence de l'article du traité de Francfort qui lui octroyait le régime de la nation la plus favorisée, puis par un système de *spécialisations* qui avait permis d'éviter habilement certaines taxations de notre tarif douanier, l'Allemagne avait vu le chiffre de ses exportations en France s'élever progressivement pour atteindre 1.074.250.000 francs en 1913.

Or, les industriels et les commerçants sont des gens pratiques qui savent la valeur de la stabilité. Dans ces conditions, ne croyez-vous pas que ceux d'Allemagne se rendaient compte par l'expérience acquise que, pour augmenter encore le chiffre de leurs affaires, la paix était plus sûre que la guerre, qu'avec celle-ci c'était l'inconnu et que, comme dit le fabuliste, « on hasarde de perdre en voulant trop gagner »? Il est dans tous les cas permis de le penser en attendant que l'Allemagne soit assez libre pour que nous puissions savoir, par les discussions intérieures qui ne manqueront pas de se produire au moment propice, si le parti militaire a réussi à vaincre peu à peu leurs appréhensions ou si au contraire, par une suprême folie, l'accord des uns et des autres a été complet, ce qui peut être tout aussi probable.

Quoi qu'il en soit, puisque le succès est au bout des efforts des alliés, puisque en changeant de camp il peut aider à défaire ce qu'il avait fait, nous devons dès maintenant songer au lendemain pour faire succéder à la victoire guerrière la victoire économique.

Celle-ci, comme l'autre, demande aussi son

organisation et ses efforts. Elle exige la mise en œuvre de moyens persévérants, aussi patiemment appliqués que ceux qu'emploie à l'heure actuelle avec tant de ténacité le général Joffre, et nous savons maintenant comment l'Allemagne a su les employer elle-même après 1870.

Certes, les résultats qui fixent l'augmentation de notre commerce général montrent que depuis vingt ans nous ne sommes pas restés l'arme au pied. Mais un examen plus approfondi de la question montre aussi que dans beaucoup de cas nous avons manqué de méthode et d'activité.

A ce point de vue, qui m'est, par mon enseignement du Conservatoire, plus particulièrement dévolu, l'étude du développement comparatif de l'industrie chimique en France et en Allemagne est surtout instructive.

Les produits chimiques, si variés aujourd'hui, sont les auxiliaires indispensables de la vie domestique aussi bien que de la vie industrielle d'un pays. Le ménage ne peut pas se passer de savon, d'eau de Javel, de cristaux de soude, de produits pharmaceutiques, etc... ; les industries les plus diverses, sucreries, papeteries, distilleries, industries alimentaires, blanchisseries et fabriques de tissus de toutes sortes, fabriques d'explosifs, industries métallurgiques ou de travail de métaux, etc., toutes ont besoin d'acides, de sels, de bases, de mordants, de produits tinctoriaux, etc... De telle sorte qu'on peut dire que la consommation des produits chimiques mesure l'activité industrielle d'une nation et que sans eux cette activité s'arrêterait. La preuve en est qu'à l'heure présente, nombre d'ateliers et d'usines importantes ont leurs feux éteints, autant par le manque ou la cherté de ces produits que par le manque de main-d'œuvre, par suite de la fermeture du marché allemand qui a la production à peu près exclusive de certains d'entre eux.

L'étude de cette question est donc intéressante à plus d'un titre, surtout parce qu'en nous faisant toucher du doigt les causes du développement de la fabrication des produits chimiques en Allemagne, elle nous indique la voie dans laquelle nous devons nous engager, après la paix, si nous voulons à notre tour profiter, comme nos ennemis l'ont fait, de la victoire que nous allons remporter.

Et, Mesdames et Messieurs, dans cette voie il n'est jamais trop tôt pour se mettre à l'œuvre. L'avenir est au plus actif et au plus entreprenant ; tant pis pour nous, si cette fois nous arrivons trop tard. Dans la bataille économique, vous le savez, la concurrence frappe en aveugle, et, lorsque les positions sont prises, elles ne se laissent pas facilement conquérir par ceux qui les détiennent.

L'exemple et la preuve de ce que j'avance nous sont donnés par l'Angleterre en ce moment même. Méditons cet exemple.

Le 30 novembre dernier, j'avais l'occasion de causer de la situation de l'industrie chimique avec un chimiste anglais qui achevait, au moment même, la mission dont il avait été chargé auprès d'une puissance neutre pour négocier la fourniture, durant la guerre, des matières colorantes nécessaires aux industries de l'Angleterre. Ce chimiste, entrant dans des détails que je ne puis rendre publics, me signalait l'initiative prise par son gouvernement pour créer, de suite, de concert avec les grandes sociétés industrielles, les usines nécessaires à la fabrication de ces matières que la Grande-Bretagne demandait jusqu'ici à la fabrication allemande.

Remarquez que, le 30 novembre, l'affaire était seulement à l'état de discussion. Or, voici ce qu'on lit aux « Informations financières » du journal *Le Temps* du 14 décembre :

A la suite de la déclaration de guerre, l'Angleterre s'est trouvée, comme la France d'ailleurs, privée des produits chimiques allemands nécessaires à la teinture des étoffes.

Des mesures ont été prises immédiatement par les Anglais pour remédier à ce grave inconvénient. Une société a été fondée, dont l'objet est de substituer la fabrication nationale à la fabrication allemande, et la condition vraiment remarquable de cette fondation est que le Gouvernement anglais, pour l'encourager, *a décidé non seulement de prendre une participation dans le capital-actions de ladite société, mais de garantir pendant un certain nombre d'années le service de ses obligations.*

Ainsi, en quelques semaines, l'esprit pratique des Anglais a créé l'organisme qui permettra à notre alliée, aussitôt après la guerre, non seulement de produire elle-même les matières colorantes dont elle a besoin, mais aussi, croyez-le bien, d'essayer de prendre la place de l'Allemagne sur les marchés étrangers [1].

Depuis quelques jours, la Russie vient d'ailleurs de prendre une détermination analogue. On lit, en effet, dans le journal *La Cote européenne* du 29 décembre 1914 :

« Création d'une grande usine de produits chimiques en Russie. — La Russie, comme d'ailleurs la France et l'Angleterre, était tributaire de l'Allemagne pour les produits chimiques, et spécialement pour les couleurs d'aniline. Il a été décidé à une réunion de représentants de l'industrie textile qui vient d'avoir lieu à Mos-

(1) Au moment où ces conférences paraissent, la création de cette société paraît se heurter à quelques difficultés économiques.

cou, de créer une grande usine de ces produits pour s'émanciper définitivement de la tutelle germanique. »

N'y a-t-il pas là des exemples à méditer pour notre gouvernement et pour nos initiatives françaises et n'ai-je pas raison de vous dire que, pour nous mettre en route dans la même direction industrielle et commerciale, nous n'avons pas de temps à perdre ?

Nous nous rendrons encore mieux compte des nécessités qui s'imposent à nous si nous examinons les tableaux suivants sur lesquels j'ai inscrit les chiffres de la fabrication des produits chimiques en France et en Allemagne au cours des dernières années.

Commerce des produits chimiques de la France (*en milliers de francs*).

	1900		1906		1912	
	Importations	Exportations	Importations	Exportations	Importations	Exportations
Produits chimiques (1) . . .	134.700	88.300	157.800	120.300	233.368	202.550
Couleurs minérales	4.900	11.100	7.000	16.300	10.859	24.107
Teintures préparées.	17.700	16.500	12.500	15.100	11.124	9.581
Compositions diverses (2) . .	8.000	58.500	10.700	75.100	34.525	83.891
Huiles et sucs végétaux (3). .	120.700	80.100	219.600	152.200	342.761	293.314
Espèces médicinales.	13.100	10.760	20.000	21.300	25.805	14.857
Total	299.100	265.260	427.600	400.300	658.442	628.300
Produits spéciaux . Parfums synthétiques					1.424	192
Produits spéciaux . Produits pharmaceutiques . .					1.060	917

(1) Acides, bases, sels, oxydes, engrais, carbures, etc.
(2) Parfumeries, savons, fécules et amidons, colles et gélatines, bougies, sucre de lait, etc.
(3) Huiles diverses, térébenthines et résines, parfums artificiels, camphre, caoutchouc, etc.

Commerce des produits chimiques de l'Allemagne
(en milliers de francs).

	1880	1892	1910
Importations totales. . .	125.000	137.200	386.750
Exportations totales. . .	250.000	328.650	781.550

	Importations	Exportations
Produits chimiques.	251 000	289.000
Couleurs et matières colorantes . .	22.290	294.200
Essences parfumées et parfums artificiels	40.250	29.500
Produits pharmaceutiques et autres.	32.700	78.150

Le tableau de la production française montre, soit par l'augmentation progressive de notre commerce général de produits chimiques, soit par l'augmentation progressive de notre commerce d'exportation, que nous ne sommes pas restés complètement inactifs et que, notamment depuis 1884, époque où le bilan s'établissait comme suit :

Importations.	83.000.000
Exportations.	54.000.000

par nos efforts, cette branche spéciale de notre industrie s'est considérablement modifiée.

Malgré tout, d'une façon générale, nos exportations sont toujours inférieures à nos importations, et l'examen des détails indique que la cause en réside dans l'introduction en France d'un grand nombre de produits fabriqués en Allemagne et desquels notre attention s'est trop facilement détournée.

Au contraire, l'examen du tableau allemand montre que non seulement le commerce d'exportation est toujours resté le double du commerce d'importation, mais que le premier se développe sans cesse et n'était pas loin, au moment de la guerre, d'atteindre le milliard. Cette prospérité apparaît encore plus nettement si on consulte les chiffres des spécialités, qui montrent, particulièrement dans les articles où rien ne peut se faire sans une connaissance approfondie des conquêtes récentes de la chimie théorique, produits chimiques divers, parfums synthétiques, produits pharmaceutiques, que la supériorité des Allemands est incontestable et va quelquefois jusqu'au monopole, comme dans le cas des matières colorantes dérivées du goudron de houille.

Cependant, il me suffirait d'ouvrir l'histoire de la chimie française pour en sortir à toutes les époques les noms des plus grands savants dont s'honore la science humaine et pour vous montrer que, dans toutes les branches de la théorie dont l'industrie de notre pays peut tirer des applications, lorsque nous n'avons pas été les créateurs, toujours nous avons marqué de notre empreinte spéciale les progrès accomplis.

Notre infériorité dans le domaine de l'application doit donc avoir ses causes particulières, qu'il nous faut rechercher sans faiblesse, si nous voulons profiter de l'occasion que la victoire prochaine va nous offrir pour reprendre le terrain perdu. C'est ce que nous ferons prochainement.

L'attention avec laquelle vous m'avez écouté me montre que vous comprenez qu'il s'agit là aussi d'une lutte de tranchées qui doit être la conséquence de l'autre, qui doit se poursuivre avec la même ténacité et la même énergie et qui exige, pour conduire au succès, que nos industriels ne soient pas inférieurs à nos soldats.

DEUXIÈME CONFÉRENCE

Lundi 1er février 1915

MESDAMES, MESSIEURS,

Dans notre dernier entretien, je vous ai fait constater par des chiffres officiels le développement considérable pris, dans ces vingt-cinq dernières années, par le commerce général de l'Allemagne et en particulier par son commerce d'exportation. Puis, abordant l'objet même de notre étude, je vous ai montré la collaboration importante que l'industrie chimique a apportée à ce développement et tout spécialement en ce qui concerne le commerce extérieur.

Ainsi que je vous l'ai dit, il est incontestable que le prestige de la victoire remportée sur la France en 1870, sanctionnée par les avantages économiques contenus dans le traité de Francfort, a été la cause initiale de ce développement. Mais à cette cause d'autres sont venues s'ajouter, et il est utile que nous les recherchions si nous voulons, par comparaison et à l'occasion de la reprise prochaine des affaires, tirer de leur examen une leçon utile pour notre pays.

Pour aborder un pareil chapitre et malgré toutes les haines légitimes que des crimes odieux ont accumulées dans nos cœurs contre ce que les Allemands appellent prétentieusement leur « Kultur », il ne faut pas tomber dans le travers que nous avons dénoncé chez les intellectuels d'outre-Rhin et dépouiller en nous l'esprit de justice qui est inséparable de la vérité scientifique. En effet, on ne peut pas à volonté faire que ce qui existe ne soit pas, et c'est, à mon sens, marcher au désastre que de méconnaître les qualités de ses ennemis. Pour avoir procédé de cette façon et avoir méprisé les facultés d'initiative et les réserves de bravoure et de fierté du peuple français, l'empereur allemand se heurte aujourd'hui à un obstacle qu'il ne franchira pas. Ne tombons pas dans ce travers et ne dénigrons pas de parti pris ce qu'il peut y avoir de bon dans le système d'organisation des forces naturelles ou empruntées que la nation allemande a fait servir à son expansion industrielle et commerciale.

Il faut faire deux parts dans la vie des peuples : d'un côté tout ce qui sort du trésor de l'intelligence et de la sensibilité pour libérer les hommes de leurs instincts d'égoïsme atavique et les entraîner petit à petit, par la conception des œuvres de beauté et des actes généreux, à la pratique naturelle de la dignité morale qui est le caractère de la vraie civilisation; de l'autre, tout ce qui a trait à la vie matérielle et facilite les conditions d'existence.

S'il était nécessaire de prouver combien, chez les nations comme chez les individus, le développement de ces deux facteurs est trop souvent indépendant, nous n'aurions qu'à méditer les exemples que, dans la pratique de la guerre, le peuple allemand met sous nos yeux. Il nous montre, en effet, qu'on peut posséder les qualités et les moyens de porter très haut sa fortune sans se débarrasser pour cela de tous les défauts de la brute originelle. Aussi, lorsqu'il s'agit de ce qu'en vrai français nous appelons la « culture », la cause est entendue : nous ne pouvons rien avoir de commun avec l'Allemagne actuelle et nous restons la nation qui, dans les plis de son drapeau, a porté à travers le monde la Déclaration des Droits de l'homme.

Mais à toutes les règles il y a des exceptions, et on connaît heureusement des âmes bien nées chez lesquelles la possession des biens matériels, loin de renforcer les imperfections inhérentes à la nature humaine, exalte, au contraire, ou fait éclore toutes ces vertus diverses dont je vous donnais tout à l'heure l'énumération et dont la généralisation vaut finalement au peuple qui les répand autour de lui une place d'honneur dans l'histoire de l'humanité.

Dans toutes les périodes de son évolution historique, la France a montré qu'elle est de ces âmes bien nées. Dans le malheur comme dans la fortune, elle est restée elle-même; sa conception de l'honneur et du droit n'a pas varié au gré de ses intérêts. C'est ce qui fait sa force et le respect que, même après ses revers, elle a inspiré et imposé au monde entier.

Nous ne devons donc rien négliger pour accroître sa fortune matérielle, parce que nous savons que celle-ci l'aidera à accroître en même temps sa fortune morale et parce que nous savons aussi qu'en augmentant l'échange de ses produits nous renforcerons de plus en plus, par l'exportation simultanée de ses idées, cet esprit de justice sociale et de solidarité entre les nations dont elle a été l'initiatrice et qui reste le facteur capital du progrès universel.

Pour arriver à ce résultat, nous devons avoir sans cesse les yeux fixés sur le monde extérieur : nous devons particulièrement les tourner du côté de ceux que nous voulons vaincre, non pas pour copier servilement les méthodes qu'ils nous offrent, mais pour en faire une critique raisonnée et les utiliser à notre profit après les avoir marquées de l'empreinte de notre tempérament national.

Nous plaçant donc à ce point de vue purement objectif, l'Allemagne doit attirer notre attention, si vous êtes convaincus, comme je le suis moi-même, que c'est aussi un devoir patriotique que de préparer à la victoire de la Marne, comme le Sedan économique le fut pour nous-mêmes, son lendemain industriel et commercial.

A la vérité, cette préoccupation n'est pas nouvelle pour tout le monde, particulièrement en ce qui concerne les grandes industries chimiques. Dès 1878, à la suite de l'Exposition universelle, M. Lauth, qui fut un des initiateurs en France de l'industrie des matières colorantes d'aniline, qui fut successivement directeur de la Manufacture nationale de Sèvres et de l'École de Physique et de Chimie industrielles de la ville de Paris, jeta un véritable cri d'alarme. En 1893, à la suite de l'Exposition internationale de Chicago, M. Haller (1), directeur actuel de cette dernière école, frappé des progrès nouveaux accomplis par l'Allemagne depuis 1878, répéta dans son rapport le cri d'alarme poussé par M. Lauth. En 1900, M. Trillat (2), expert-chimiste au tribunal civil de la Seine, est revenu sur la même question, et j'ai moi-même, dans les conclusions d'une étude publiée sur l'Exposition universelle de 1900 dans la *Réforme économi-*

(1) A. Haller, *L'Industrie chimique*. 1 vol. J.-B. Baillière et fils.

(2) A. Trillat, *L'Industrie chimique en Allemagne*. 1 vol. J.-B. Baillière et fils.

qu et dans les *Annales du Conservatoire national des Arts et Métiers* [1], insisté sur les mesures que nous devions prendre si nous voulions remonter peu à peu le courant envahisseur des produits allemands et maintenir dans le monde la place qui nous est assignée par notre réputation d'intelligente activité et par les découvertes de nos hommes de science.

Durant cette période, allant au plus pressé, on a surtout insisté, parmi les causes de prospérité des industries en Allemagne, sur le développement de l'enseignement chimique et technique dans ce pays, sur sa répercussion heureuse dans l'organisation scientifique des usines, laissant dans l'ombre certains facteurs sans lesquels cette organisation eût été difficile ou impossible.

D'autre part, il est incontestable que, sous la poussée des conseils donnés et répétés depuis cette époque, des progrès sérieux ont été accomplis en France, témoignant que ces conseils ont frappé des oreilles sensibles. Il ne saurait donc être question de reprendre ici à pied d'œuvre tous les matériaux accumulés par les précédents auteurs et dont l'analyse dépasserait d'ailleurs le cadre de ces conférences. Mieux vaut, à mon

(1) *Les Grandes Industries chimiques à l'Exposition de 1900* (*Annales du Conservatoire des Arts et Métiers*, 1900, 3e série).

sens, faire œuvre pratique en insistant particulièrement sur les facteurs qui ont jusqu'ici échappé à notre influence et sur lesquels il nous faudra agir rapidement si nous voulons, dans la lutte économique qui s'engagera au lendemain de la paix, profiter, aussi bien pour nos besoins intérieurs que pour notre commerce d'exportation, des avantages que nous procurera la victoire.

Le point de vue auquel je désire me placer étant ainsi délimité, entrons de suite dans le vif du sujet.

Les premières causes qui influent sur la possibilité plus ou moins grande que possède un pays de développer sa puissance de production industrielle résident évidemment dans ses richesses naturelles et spécialement dans ses richesses agricoles et ses richesses minières. Et de suite nous devons reconnaître qu'à ce point de vue l'Allemagne est particulièrement favorisée.

J'ai placé sur ce tableau un certain nombre de chiffres qui vont nous permettre de nous rendre compte de la valeur de cette affirmation.

La surface totale de l'Allemagne occupe 54.065.760 hectares sur lesquels plus de la moitié, 32.500.000 hectares, sont livrés à la culture. Et il faut reconnaître qu'aussi bien dans le domaine agricole que dans le domaine industriel, les progrès des Allemands ont été considérables. Leur agriculture a profité de toutes les conquêtes de la science agronomique. L'emploi judicieux des engrais, des méthodes de culture, des assolements, de la sélection des graines, etc... leur a permis de porter aussi haut qu'il est possible actuellement les rendements par hectare de leurs diverses cultures.

Leur récolte moyenne en seigle atteint 70 millions, en froment 32.600.000, en orge 22.500.000, en avoine 48.500.000, en foin 212 millions, en pommes de terre 298 millions et en betteraves 137 millions de quintaux. Pour les céréales, pour le froment en particulier — car l'Allemagne n'est pas une nation productrice de blé comme la France — l'Allemagne est tributaire de l'étranger. Mais, pris dans leur ensemble, ces produits constituent, soit directement, soit en permettant l'élevage des animaux, soit par des transformations industrielles en amidon, en sucre, en bière, en alcools divers, etc... des matières alimentaires importantes.

Certes, en Allemagne, et peut-être plus que partout ailleurs, un déplacement s'est fait de la population agricole vers la population industrielle. En 1849, on comptait en Allemagne 70 °/₀ d'agriculteurs. Actuellement on n'en compte plus que 40 °/₀. Mais il ne faut pas nous leurrer à ce sujet. La culture intensive a, dans une grande mesure, remédié à cette diminution de la population rurale, en sorte que, telle quelle, la production agricole allemande fournit à la population des ressources qui avantagent sérieusement ses moyens de développement industriel et commercial en temps de paix et favorisent sa résistance en temps de guerre; et il ne faut pas oublier que l'Allemagne, ayant voulu la guerre, a pris évidemment ses précautions en apportant à sa production l'appui d'approvisionnements sérieux.

Passons maintenant à la production minière en nous plaçant au point de vue des industries chimiques que nous voulons surtout considérer.

Sous le rapport du charbon qui est, comme vous le savez, le pain de l'industrie, l'Allemagne est particulièrement favorisée, beaucoup plus favorisée que la France, presque aussi favorisée que l'Angleterre. L'Angleterre produit 240 millions de tonnes de houille par an; l'Allemagne en produit 175 millions complétés par 32 millions d'un autre combustible, le lignite, tandis que la France en produit péniblement 39 millions.

Au point de vue des métaux, qui favorisent le bon marché des constructions mécaniques, l'Allemagne est particulièrement productrice de fer; elle en produit autant que la France, 16 millions de tonnes de minerai de fer environ. Je ne compte pas pour la France les productions algériennes en puissance qui à l'heure actuelle sont à peine exploitées. Cette quantité de minerai complétée par une importation abondante a permis à l'Allemagne de développer considérablement ses industries métallurgiques.

En ce qui concerne les autres métaux, le cuivre, le zinc, le plomb, l'aluminium, elle n'est pas très avantagée et elle est obligée de se pourvoir à l'étranger pour la presque totalité de ses besoins.

Considérons maintenant les produits qui servent de base à l'industrie chimique proprement dite. Ces produits initiaux, indispensables, sont le soufre ou ses minerais, la soude, la potasse, l'ammoniaque, les nitrates, qui sont les matières premières des acides sulfurique, chlorhydrique, nitrique, des bases, des sels qui, soit par simple purification des matières premières, soit en facilitant entre ces dernières, ou d'autres qui en sont issues, les réactions les plus diverses, permettent de fabriquer les mille et mille matières que l'homme fait servir à ses besoins journaliers.

Pour le soufre et particulièrement ses minerais, comme cette pyrite que je mets sous vos yeux et qui est la matière première, avec la blende ou sulfure de zinc, de l'acide sulfurique, l'Allemagne est peu favorisée. Elle en produit 150.000 à 200.000 tonnes et elle est obligée d'importer tous les ans 800.000 tonnes de pyrites d'Espagne, qui servent à la fabrication de 1.500.000 tonnes d'acide sulfurique à 66°.

Le minerai ou matière première de la soude est le chlorure de sodium, sel marin ou sel gemme. L'Allemagne, soit par les mines qu'elle possède sur son territoire proprement dit, soit par celles existantes sur le sol lorrain annexé et qui bientôt vont nous revenir, est particulièrement favorisée, puisqu'elle extrait tous les ans environ 1.400.000 tonnes de sel, qui est transformé en acide chlorhydrique et en chlore qui sert à la préparation particulièrement importante de toutes les liqueurs de blanchiment.

Quant à la potasse, qui est, suivant sa nature, soit la matière première également de l'acide chlorhydrique, du chlore et des chlorures décolorants, soit la matière première des sels utilisés en agriculture ou industriellement, la production allemande des 160 mines qui sont groupées par la loi d'Empire dans le syndicat de Stassfurt constitue un véritable monopole. A ce point de vue, l'Allemagne est le fournisseur du monde entier. La production du syndicat de Stassfurt en 1912 a atteint 11.070.015 tonnes de sels bruts, représentant plus d'un million de tonnes de potasse pure.

Pour l'ammoniaque et ses sels, les matières premières sont d'une part les eaux de vidanges, ou eaux-vannes, de l'autre et surtout, le goudron de houille provenant soit de la fabrication du gaz, soit de la fabrication du coke métallurgique. Nous reviendrons plus particulièrement sur cette question dans notre prochaine conférence lorsque je vous parlerai de la production du goudron de houille en France. L'Allemagne occupe aujourd'hui pour la production de l'ammoniaque le premier rang, par suite du développement qu'elle a donné à la récupération des goudrons résultant de la fabrication du coke métallurgique. Elle a produit, en 1912, 465.000 tonnes de sulfate d'ammoniaque.

Quant aux nitrates, malgré les industries qu'elle a commencé à créer et qui ont comme base la synthèse directe de l'acide nitrique en partant des éléments de l'air, azote et oxygène, ou de l'ammoniaque naturelle ou synthétique, l'Allemagne reste, comme toutes les autres nations européennes, tributaire de l'étranger et particulièrement du Chili et du Pérou où sont concentrées les mines de nitrate de soude. Cette infériorité est particulièrement importante à l'heure actuelle, puisque l'Allemagne ne pourra que difficilement se procurer le nitrate de soude [1]

---

(1) Pendant la guerre, le facteur prix de revient ne jouant pas le même rôle que dans la paix, nous ignorons cependant jusqu'à quel point le développement des industries allemandes de synthèse pourra remédier à ce manque de nitrate.

nécessaire à la fabrication des explosifs et à la fourniture de l'azote nitrique aux terres qui doivent produire le blé ou le seigle de la récolte prochaine.

Dans tous les cas, on voit par cette rapide analyse, malgré les réserves nécessaires, que, sous le rapport des richesses naturelles favorisant la création des industries chimiques proprement dites, l'Allemagne est particulièrement privilégiée, et c'est là, à n'en pas douter, une des causes importantes qui a servi de base solide à l'établissement de ces industries.

Mais, si la cause économique est nécessaire, elle n'est pas toujours suffisante pour entraîner un peuple dans la voie des initiatives fécondes et surtout pour le porter à la fortune rapide que les statistiques de notre dernière conférence nous ont permis de constater. Pour tirer profit dans une pareille mesure de ses avantages de naissance, il faut aussi à celui qui les possède des qualités spéciales d'organisation, et ces qualités, il faut le reconnaître tout de suite, n'ont pas fait défaut au peuple allemand, ou, ce qui est peut-être plus juste, à ceux qui ont entrepris de le diriger.

S'il est vrai, comme je le pense, que les désirs des hommes bien utilisés deviennent les plus puissants moteurs de leurs actions et comme les forces mêmes de la vie, on peut dire que la marche vers la puissance industrielle et commerciale a été particulièrement soutenue par l'orgueil passionné, envieux malheureusement de la fortune seule, dont furent possédés, après la victoire de 1870, les dirigeants allemands, orgueil, nous en avons la preuve aujourd'hui, qui alla s'augmentant au fur et à mesure du succès. Que ne peut produire une pareille passion exercée par des gens dont le chef, aux applaudissements du Parlement, peut soutenir sans rougir, à la face du monde, que les traités au bas desquels on a mis sa signature ne sont que des « chiffons de papier » et que, quand on veut la fin, on fait comme l'on peut, sans s'embarrasser dans les moyens! Subordonnant à la volonté supérieure toutes les autres volontés, une pareille passion concentre irrésistiblement celles-ci vers un même but et en les additionnant par la discipline acceptée, elle donne ainsi dans toutes les directions l'effort maximum qu'il faut pour l'atteindre.

Certes, par la nomenclature des crimes de toute nature commis dans l'état de l'ivresse la plus dégradante en Belgique, dans le nord et dans l'est de la France, sur l'ordre ou sous les regards complices du haut commandement, nous sommes fixés aujourd'hui sur la régression que la civilisation allemande a subie depuis 1870. A l'inverse de ce qu'ils prétendent et qui nous a souvent trompés, nous sommes fixés aussi sur l'idéal matériel que les Germains désignent sous le nom prétentieux de « Kultur ». Mais ceci étant hors de cause, nous devons reconnaître, par la façon patiente dont la guerre a été préparée, par la perfection de l'outillage et des moyens de défense qu'il y a appliqués, enfin par ses sacrifices meurtriers et inutilement répétés sur les points principaux de la ligne de feu, que le peuple allemand ne manque ni d'esprit d'organisation, ni d'audace, ni de persévérance allant jusqu'à l'opiniâtreté. On peut compter que ces qualités précieuses qui l'ont rendu si dangereux dans la guerre, il les a déployées aussi pour bâtir son édifice industriel et commercial, et elles lui ont ainsi permis d'utiliser rationnellement et de compléter les avantages naturels dont nous avons fait l'énumération.

Il faut dire aussi que certains défauts ne l'ont pas moins servi. La politesse obséquieuse allemande, qui fait contraste d'autre part avec une vulgarité choquante, nous avait convaincus depuis longtemps que cette nation manque de mesure et, par conséquent, de sensibilité. Or, une grande sensibilité, en rendant l'homme trop prévoyant, diminue de beaucoup la valeur de l'esprit d'entreprise si nécessaire à l'industriel et au commerçant. L'homme trop sensible devient souvent hésitant, prudent à l'excès et recule ainsi trop longtemps ou même manque les bonnes occasions. Il faut reconnaître que ce défaut est un peu notre apanage à nous, Français. L'Allemand ne s'embarrasse pas de pareilles subtilités. Ne voyant avant tout que le gain et le bien-être qu'il pourra en retirer, industriel ou commerçant, il ne craindra pas de se risquer beaucoup; voyageur, il se multipliera sans que rien le rebute pour satisfaire les besoins de sa clientèle, besoins qu'il excitera sans cesse et qu'il ira même jusqu'à créer.

Ainsi, défauts et qualités se conplétant ont amené peu à peu ce qu'on a appelé l'essor industriel et commercial de l'Allemagne, soit en la faisant profiter largement d'institutions déjà très développées chez elle, soit en l'incitant à en créer d'autres devant concourir au même but.

Parmi les premières, il faut citer au premier rang les institutions scientifiques. Depuis quarante ans l'industrie chimique a commencé une évolution qui va s'accentuant de plus en plus. Jusque-là l'industrie s'était bornée à la fabrication des grands produits chimiques, des acides, des bases, des sels. La nature fournissait les autres produits, matières colorantes, matières médicinales, essences parfumées, etc..., de sorte qu'on peut dire qu'à cette époque l'industrie chimique était presque purement mécanique et que, par suite, pour la perfectionner, les ingénieurs techniques sortant des grandes écoles étaient suffisants.

Mais tout cela s'est profondément modifié avec les progrès de la chimie dans toutes les directions et surtout avec les procédés de synthèse qui ont permis à l'homme de se poser en concurrent de la nature. Depuis ce jour, le rôle de l'industrie a changé. La nature, vous le savez, ne produit guère qu'une fois par an et toujours de la même manière. Il lui faut pour cela de grandes surfaces et beaucoup de bras. Dans des locaux restreints, au contraire, avec des méthodes et des machines qui limitent la main-d'œuvre au minimum, l'usine peut varier ses matières premières et produire autant de fois dans l'année qu'il y a de jours de 24 heures; fabriquant en grandes quantités et fabriquant à meilleur compte, elle peut offrir ses produits à plus de consommateurs. Donc, grâce à la science, l'industrie a pu se rapprocher de l'humanité pour mieux servir ses besoins et porter ainsi plus vite et plus haut son degré de civilisation.

Mais, pour cette transformation, les ingénieurs seuls ne pouvaient plus suffire; il fallait toute une armée de chimistes compétents, connaissant à fond leur métier, imbus de l'esprit de perfectionnement et dont les connaissances anciennes aussi bien que les connaissances toujours renouvelées puissent s'occuper de la recherche de produits nouveaux, d'améliorations industrielles ayant toujours pour but l'abaissement du prix de revient.

Depuis 1827, époque à laquelle Liebig fonda à Giessen le premier laboratoire d'enseignement pratique de la chimie, cet enseignement a été se développant sans cesse dans toutes les universités allemandes par la création de nouveaux laboratoires, par l'édification d'écoles spéciales concernant la teinture, la sucrerie, la tannerie, la raffinerie, etc., ces écoles pouvant fournir des directeurs, des agents capables de conduire une grande entreprise industrielle, de créer des procédés nouveaux ou de perfectionner les anciens.

A côté de ce système qui représente les hautes études, est venu s'ajouter, par l'établissement des écoles moyennes techniques, des écoles élémentaires techniques, des cours d'enseignement professionnel, tout un réseau d'enseignement technique destiné à former des chefs d'équipes, des contremaîtres et à donner aux jeunes ouvriers et aux apprentis, sans les obliger à renoncer à leurs travaux journaliers, les connaissances nécessaires à la pratique intelligente et habile de leur métier. Ainsi s'est trouvée formée au moment voulu et a continué à se développer sans cesse toute une armée de techniciens et de travailleurs pouvant se prêter dans la marche journalière de l'industrie un mutuel appui et maintenir sans arrêt cette dernière, dans toutes les directions, à la hauteur des nécessités modernes.

De son côté, il faut le dire bien haut, l'industriel a compris qu'il ne pouvait rien faire sans la collaboration de cette armée et principalement sans celle des hommes de science depuis les plus élevés jusqu'aux plus modestes. Il se les est associés quelquefois sans compter, demandant aux uns le travail des recherches, aux autres d'appliquer à l'industrie les résultats de celles-ci, aux derniers enfin la surveillance générale des diverses fabrications.

Pour fixer nos idées, nous pouvons regarder la composition du personnel technique de deux des plus grandes firmes allemandes. La société *Badische Anilin- und Soda-Fabrik* de Ludwigshafen-sur-Rhin a dans son personnel 562 ingénieurs techniques, dont 244 chimistes. La firme Frédéric Bayer d'Elberfeld a 1.004 ingénieurs techniques dont 304 chimistes. Je me hâte de vous dire qu'on ne rencontre pas partout un personnel spécial aussi nombreux. Mais partout, dans une mesure plus ou moins modeste, le concours de ce personnel technique a été recherché, plaçant ainsi l'industrie tout entière sous le contrôle effectif des progrès scientifiques sans cesse renouvelés.

L'application de ce principe dans l'emploi du personnel compétent ne permet pas seulement de produire côte à côte avec bénéfice les produits les plus variés, les acides, les bases, les sels, les matières colorantes, les produits pharmaceutiques dont les préparations dépendent les unes des autres, mais aussi de perfectionner sans cesse les fabrications par la recherche de nouvelles sources de matières premières ou par la réalisation industrielle, poursuivie avec persévérance, des méthodes de synthèse sorties des travaux du laboratoire.

J'aurai l'occasion d'illustrer par un exemple la question concernant les matières premières, lorsque, dans la prochaine conférence, j'insisterai particulièrement sur la production du goudron de houille. Mais au sujet des méthodes de synthèse devenues industrielles, je voudrais vous fixer par un exemple typique qui vous montrera comment doivent, dans certains cas, pour devenir profitables, évoluer quelques spécialités de l'industrie chimique.

L'alizarine artificielle a remplacé depuis longtemps la garance dont la matière colorante si solide sert à la teinture des pantalons rouges de nos militaires. La fabrication en est réalisée industriellement depuis 1870 environ. Une synthèse particulièrement tentante était celle de l'indigo qui teint en un bleu très résistant les étoffes les plus diverses. L'indigo naturel est extrait d'une plante l'*indigofera tinctoria* qui pousse particulièrement sous les tropiques et que l'on récolte notamment aux Indes anglaises, au Bengale et à Java. La production en est d'environ 8 millions de kilos par an. Il se présente en pains semblables à celui que je vous montre, plus ou moins purs, renfermant, suivant l'origine, de 30 à 82 °/₀ d'indigotine, qui est le principe spécial de l'indigo.

Les travaux d'un chimiste allemand, Bäyer, avaient montré depuis longtemps qu'en partant d'un carbure que l'on extrait du goudron de houille, la naphtaline, on arrivait, par une série de cinq ou six transformations successives, à préparer l'indigotine. Mais ce n'étaient que des expériences de laboratoire. Les Allemands, et particulièrement la Société badoise, ont entrepris de transporter ces expériences de laboratoire dans le domaine industriel. Je n'insiste pas sur la série des transformations qui, de la naphtaline, conduisent à l'indigotine. Je puis dire cependant que ces transformations sont très délicates à mener, surtout lorsqu'on doit se préoccuper du rendement et du prix de revient. Quoi qu'il en soit, après toute une série d'études, d'insuccès et de reprises, la Société badoise est arrivée à fabriquer cet indigo synthétique, dont je vous présente un échantillon.

Mais ce qu'il y a de particulier, c'est que pour cette transformation on avait besoin de ce produit fumant à l'air comme celui que je vous montre, qu'on appelle l'anhydride sulfurique, et qui, en se transformant, donne de l'acide sulfureux. On s'est vite aperçu que la fabrication industrielle de l'indigotine n'était possible que si l'on parvenait à se procurer à bon compte cet anhydride sulfurique. La Société badoise a donc été obligée d'abandonner pour un instant la question principale pour rechercher une méthode de préparation industrielle de ce produit.

Or, dans le domaine scientifique et même dans le domaine pratique existait une méthode, la méthode de Winckler, déjà appliquée pendant un certain temps en Allemagne pour la préparation directe de l'anhydride sulfurique par synthèse en combinant l'acide sulfureux à l'oxygène de l'air, cette combinaison se faisant sous l'action d'un corps divisé, comme la mousse de platine, à une température convenablement réglée. Cette expérience se fait sous vos yeux.

Voici un obus duquel se dégage de l'oxygène; en voici un autre qui contient de l'acide sulfureux liquide et qui donne de l'acide sulfureux gazeux; nous avons dans ce tube de la mousse de platine placée sur de l'amiante et chauffée à une température d'environ 400°. Au fur et à mesure que les gaz se combinent, vous voyez se dégager un torrent de vapeurs âcres d'anhydride sulfurique qu'il suffit de condenser à une température basse pour les voir immédiatement se prendre en cristaux soyeux blancs semblables à ceux qui sont dans ce ballon.

Cette réaction semble donc très commode et très facile à pratiquer. Détrompez-vous. Lorsqu'il s'agit de passer de l'amphithéâtre ou du laboratoire dans le domaine industriel, la situation n'est plus la même. Le gaz sulfureux qui s'échappe des fours de combustion du soufre des pyrites est chargé d'impuretés de toutes sortes, impuretés gazeuses, impuretés physiques, sous la forme de poussières de métaux divers. Il a fallu apprendre à se débarrasser des unes et des autres, de façon à obtenir un gaz sulfureux absolument pur et limpide, lorsqu'on l'examine sous une épaisseur considérable. De plus, la réaction exige une température absolument fixe. Si la température est trop basse, le rendement en anhydride sulfurique devient faible; si, au contraire, la température s'élève trop, l'anhydride sulfurique se décompose au fur et à mesure de sa formation. Il est donc nécessaire de régler la température exactement tout en récupérant l'excès de chaleur de façon à dépenser le moins possible.

D'autre part, l'amiante platinée — la masse de contact, comme on l'appelle, — exige des conditions extrêmement délicates. Les poussières, certaines impuretés constituent pour elle de véritables poisons. De là des difficultés qui ont exigé des études multiples pour les vaincre.

Enfin il faut condenser les vapeurs d'anhydride et ramener dans le travail l'acide sulfureux qui n'est pas entré en réaction. Cette énumération vous montre l'importance des difficultés d'ensemble qu'il a fallu vaincre pour arriver à mettre au point cette industrie spéciale, difficultés devant lesquelles s'était heurtée en 1875 la réaction de Winckler, et capables, dans tous les cas, de faire reculer beaucoup d'industriels, même très hardis.

Et ce n'est pas tout. Pour transformer les matières résultant de la réaction de l'anhydride sulfurique sur la naphtaline, il faut du chlore et aussi de l'alcali, potasse ou soude. Il a donc fallu porter ses investigations de ce côté et créer, par voie électrochimique, en partant des chlorures de sodium ou de potassium abondants en Allemagne, une véritable industrie fournissant le chlore liquide et les alcalis nécessaires pour compléter l'ensemble des réactions indispensables à la synthèse de l'indigo.

En triomphant successivement de toutes ces difficultés la Société badoise n'a donc pas atteint un but unique, mais un triple but, puisque, non seulement l'industrie des matières colorantes a profité de la synthèse de l'indigo, mais la grande industrie chimique a profité elle-même de la mise au point de la fabrication de l'anhydride sulfurique, en même temps que de celle du chlore et de l'alcali.

Vous voyez ainsi comment se présentent le plus souvent les problèmes industriels, et les difficultés que rencontre le chimiste dans le laboratoire de l'usine.

Pour vaincre celles-ci il faut non seulement de l'audace, de la confiance, de la persévérance, mais aussi de l'argent. La Société badoise, pour arriver à mettre au point ces diverses fabrications et avant de songer à en retirer le premier centime de bénéfice, a travaillé pendant sept ans et demi et a dépensé 22.500.000 francs. Ces chiffres parlent mieux que toute autre explication que je pourrais vous donner, et l'exemple que j'ai choisi vous montre la manière de procéder des industriels allemands.

Car, il faut le reconnaître, cette manière n'est pas unique en Allemagne, elle est générale. Qu'il s'agisse des industries les plus variées, produits pharmaceutiques, photographiques, parfums synthétiques, industries diverses de fermentation, verrerie d'optique, verrerie de laboratoire, partout, dans une proportion plus ou moins grande, mais toujours le même esprit de collaboration scientifique et manufacturière a dirigé la production et, en la rendant intense et économique, lui a permis de conquérir, au point où nous l'avons vu par les statistiques, les divers marchés étrangers.

Pour favoriser cet essor, le côté commercial n'a pas été négligé. Pour la réclame, rien n'a coûté, on a fait le nécessaire. Qu'il s'agisse de voyageurs de commerce, on les a rencontrés partout. En cette matière même les Allemands ont innové d'une façon très intelligente. Ils n'ont pas confié la vente de leurs produits à des voyageurs qui peuvent avoir seulement une valeur commerciale particulière, mais à des hommes qui, ayant déjà cette valeur commerciale, sont de plus doublés de véritables techniciens. Ils ont ainsi fait offrir leurs produits sur les marchés étrangers par des chimistes qui, connaissant la matière, ont pu en vanter la valeur et au besoin montrer aux clients comment on les utilisait. C'est de cette façon qu'ils se sont rendus indispensables et que peu à peu ils ont conquis la clientèle des marchés étrangers.

Tout cet ensemble démontre combien l'industriel allemand a rejeté loin de lui l'esprit de routine pour s'en rapporter exclusivement au caractère positif des choses et pousser ses entreprises avec une audace sans précédent dans l'histoire manufacturière européenne.

Néanmoins, je ne vous aurais pas fait connaître tous les aspects de la question si je laissais dans l'ombre deux facteurs qui sont venus compléter cet ensemble et en faire un tout capable d'inspirer la confiance nécessaire à l'engagement des capitaux indispensables à l'édification de l'œuvre entreprise.

En effet, des sociétés comme celle dont j'ai parlé ont des capitaux considérables engagés. Le capital de la Société badoise, comme celui d'une autre maison concurrente, la maison Frédéric Bäyer, est de 45 millions pour le capital-actions et de 31.250.000 francs pour le capital-obligations, ce qui porte le capital total à 76.250.000 francs. Pour que ces sociétés aient pu successivement, par étapes, faire appel à l'épargne publique et constituer un tel capital, il a fallu que celle-ci ait une grande confiance dans les méthodes allemandes. A ce sujet il faut dire que la législation des brevets et, d'autre part, l'organisation de la banque ont été, pour le rassemblement de ces capitaux, des intermédiaires particulièrement puissants.

La législation des brevets en Allemagne date du 25 mai 1877. Elle a pour base la garantie des brevets après un examen par une commisssion spéciale, avis qui est suceptible d'appel devant la Cour suprême de Leipzig. Ce système présente des avantages incontestables. D'abord, il a pour effet de rejeter toutes les inventions sans valeur et, au contraire, de donner une garantie d'efficacité à celles qui sont l'objet des brevets accordés. Naturellement, comme toute médaille a son revers, cette loi a ses inconvénients. Elle n'empêche pas les erreurs de se glisser dans l'examen de la multiplicité des brevets déposés. Mais les avantages sont supérieurs aux inconvénients, parce que la loi protège réellement les bonnes inventions; et même on peut dire que, dans celles qui font partie des erreurs, il y a néanmoins quelque chose à glaner, quelque chose qui peut être amélioré et qui dans la suite de l'application, entre des mains expérimentées, peut quelquefois et souvent même conduire à un résultat industriel. Dans tous les cas, au point de vue général, l'examen préalable crée pour le brevet accordé un avantage moral qui permet à l'inventeur de trouver plus facilement l'argent nécessaire à l'exploitation. Il est certain que la législation allemande de la propriété industrielle, par la confiance qu'elle a inspirée à l'épargne publique, a été un des facteurs de la mobilisation des capitaux nécessaires à l'édification manufacturière de l'Allemagne.

Il faut dire aussi que les sociétés auxquelles ces capitaux ont été confiés ont su, par la forme même de leur constitution et de leur fonctionnement, en faire un emploi très judicieux, souvent plus productif et par conséquent plus encourageant pour les prêteurs que les sociétés similaires françaises.

J'insisterai plus particulièrement sur ce point dans notre prochaine conférence.

Mais pour la mobilisation de ces capitaux, la banque s'est interposée dans la mesure la plus large. Contrairement aussi à ce qui s'est passé en France, la banque allemande a été l'auxiliaire puissante de l'industrie et du commerce. « Faute d'argent, disait Rabelais, c'est douleur non pareille. »

Pour l'industrie, la faute d'argent, c'est, on peut le dire, la catastrophe pour les inventions les plus sérieuses. La banque allemande a cet avantage que très souvent elle fait confiance même à un inventeur isolé. Lorsque celui-ci se présente à un banquier, naturellement ce dernier prend ses précautions ; il fait examiner l'invention et il a recours pour cela aux compétences les plus élevées. Mais, si le rapport rédigé conclut à la valeur de l'invention, et si, de ce fait, le banquier sent qu'il a dans l'inventeur considéré un homme de ressource, il ne craint pas de lui faire crédit, de le soutenir et surtout de poursuivre son aide jusqu'à ce que l'invention ait réellement reçu l'application industrielle envisagée. Au point de vue général, la banque allemande a développé les entreprises existantes.

elle en a créé de nouvelles et pour cela elle a su, avec habileté, drainer l'or étranger et même celui de ses adversaires, pour le faire servir à la prospérité du travail national et à l'accroissement de son commerce extérieur.

Cet examen impartial, Mesdames et Messieurs, nous permet de conclure.

Oui, la victoire remportée en 1870 et le traité de Francfort, l'une par son prestige, l'autre par ses avantages économiques, ont été la cause initiale qui a favorisé le départ de la puissance industrielle et commerciale allemande. Mais si capitale qu'elle soit, ce n'est là cependant qu'une des causes. Autour de celle-ci, l'Allemagne, défauts et qualités mêlés, a su en grouper d'autres d'ordre subjectif d'abord, d'ordre scientifique ensuite, et enfin d'ordre législatif et financier, qu'avec une ténacité inlassable, soutenue par un orgueil toujours inassouvi, elle a fait concourir à la poursuite de la domination qu'elle rêvait d'établir sur le monde et qui, heureusement pour celui-ci, comme celle d'Attila, vient de trouver ses Champs Catalauniques.

Il nous reste à établir parallèlement le bilan de la France dans le même domaine et à nous demander en même temps par quelle tactique nous pourrons, après le succès de nos armes, remporter la victoire économique si nécessaire pour réparer les ruines accumulées par la guerre et continuer, dans la paix et dans l'indépendance reconquises, l'œuvre de justice sociale et de civilisation un instant interrompue. C'est ce que je me propose de faire dans notre troisième et dernière conférence.

TROISIÈME CONFÉRENCE

Lundi 8 mars 1915

MESDAMES, MESSIEURS,

Au cours de notre première conférence, les statistiques officielles nous ont permis de constater le développement considérable pris dans ces vingt-cinq dernières années par le commerce général de l'Allemagne et par son industrie et son commerce de produits chimiques.

Dans notre dernier entretien, nous avons recherché les causes principales de ce développement : l'organisation scientifique des usines conduisant à une extension progressive des fabrications et à des améliorations sans cesse renouvelées ; une activité commerciale en rapport avec cette production intensive ; une législation donnant une valeur effective à la propriété industrielle ; la collaboration des capitaux apportée par un système bancaire soutenant les efforts entrepris ; tout cet ensemble coordonné comme les rouages d'une machine par une volonté opiniâtre excitée par un orgueil périodiquement renouvelé par le succès, telles sont les raisons que nous avons rapportées de notre dernier entretien et qui ont permis à l'Allemagne de tirer, au point de vue économique, tout le bénéfice de la victoire remportée en 1870.

Pour terminer cette étude, il nous reste à faire pour la France un examen semblable à celui auquel nous venons de procéder pour l'ennemi et à tirer de cette comparaison, pour notre avenir industriel et commercial, la leçon qui conviendra.

Sur ce sujet, depuis quelque temps et au point de vue philosophique, des controverses ont été engagées, et il n'est pas inutile que nous nous expliquions d'avance.

Parce qu'il apparaît à tous les yeux que l'union intime de la science et de l'industrie, qui a élevé si haut la puissance matérielle de l'Allemagne, n'a eu chez elle aucune répercussion dans le domaine moral, on a porté sur sa méthode, souvent avec plus d'esprit que de mesure, des jugements de nature à en cacher la véritable valeur positive. Rien à mon sens ne serait plus funeste à l'avenir de la France, au moment où elle a besoin de toutes ses forces pour réparer les désastres de la guerre, que d'accepter aveuglément de pareilles conclusions.

Il est certain que la cause principale de l'infériorité de nos résultats industriels et commerciaux réside dans notre tempérament idéaliste qui diminue à nos yeux l'attention que mérite l'exécution matérielle de nos conceptions. Chez nous, à tous les chercheurs, quelle que soit la catégorie à laquelle ils appartiennent, la spéculation pure de l'esprit procure une véritable joie. Chacun la pratique un peu comme un sport et pour beaucoup elle se suffit à elle-même. Trop souvent, malheureusement, et comme conséquence, la grandeur du verbe nous cache la beauté de l'action. D'ailleurs, notre générosité, celle de nos savants en particulier, est proverbiale. Loin de moi la pensée de déflorer ces belles qualités. Il est nécessaire cependant de constater qu'elles ont eu jusqu'ici à nos dépens deux conséquences inattendues : la première c'est que l'idée, l'invention naît en France; mais, faute d'y trouver l'analyse soutenue qui en déterminerait la valeur positive et qui déciderait de sa mise en œuvre, c'est l'étranger qui l'exploite et nous en retourne les produits dûment facturés.

Je pourrais vous intéresser par l'histoire tragique des inventeurs français méconnus et, au sujet des découvertes inexploitées dans notre pays, vous citer des exemples célèbres. Je n'indiquerai que le plus récent, sur lequel je reviendrai tout à l'heure. L'industrie des matières colorantes d'aniline, dont on parle tant à l'heure actuelle, est d'origine française; c'est pourtant en Allemagne qu'elle a reçu son complet développement.

La deuxième conséquence a aussi comme origine cette sensibilité, dont je signalais l'absence chez les Allemands dans notre dernière conférence, et qui est le corollaire de notre générosité. Elle nous rend prévoyants et, par suite, souvent peu entreprenants. Certes, c'est là une grande qualité, et notre richesse nationale est fière du bas de laine que la prévoyance remplit. Mais en matière d'industrie et de commerce, il ne faut pas que cette qualité soit poussée à l'excès et, par suite, nous laisse devancer par les concurrents. C'est ce qui nous arrive malheureusement un peu trop souvent.

Lorsque des procédés industriels nouveaux sont signalés, lorsque des machines perfectionnées sont créées, nous restons dans l'incertitude sur leur emploi et nous attendons, avant de nous risquer, que les voisins aient fait eux-mêmes les frais de l'expérience. Seulement, lorsque le succès de la concurrence que l'utilisation de ces inventions permet de nous faire, nous force à nous mettre en route, il est souvent trop tard ou, tout au moins, nous perdons un temps précieux à remonter le courant.

Je pourrais illustrer par de nombreux exemples les aventures que nous fait ainsi courir cette manière de faire. Je n'en citerai que deux pris dans mon enseignement du Conservatoire ; un troisième viendra, d'ailleurs, se placer de lui-même dans la suite de cette conférence.

C'est un Français, Achard, fils d'une famille réfugiée en Allemagne après la révocation de l'Édit de Nantes, qui a créé en 1796 la première sucrerie de betterave, et c'est en France, après les encouragements de Napoléon Ier, que cette industrie s'éleva au premier rang qu'elle a conservé jusqu'en 1875. Dix ans après cette date, l'industrie sucrière française était tombée au quatrième rang. C'est que cette industrie vivait sur sa réputation, tandis que l'agriculture allemande, par la sélection des graines, produisait des racines beaucoup plus riches en sucre que les nôtres et que son industrie, par l'utilisation du principe de la diffusion, dont la première application est cependant due au Français Mathieu de Dombasle, obtenait un rendement double de celui que nous obtenions nous-mêmes.

La France est un pays producteur de blé et c'est à ses inventeurs que sont dus la plupart des perfectionnements qui ont permis d'en extraire en plus grande quantité une farine de plus en plus blanche. En 1873, naissait en Hongrie le procédé de mouture aux cylindres, remplaçant le vieux procédé des meules, qui, peu à peu, faisait la conquête de l'Allemagne, de l'Autriche et de l'Angleterre. Malgré l'Exposition de 1878, ce n'est qu'après 1885 que cet outillage s'installa dans nos moulins. Comme dans le cas de la sucrerie, il avait fallu l'introduction en France des produits étrangers et la diminution notable de nos exportations pour voir s'opérer dans l'industrie meunière les transformations nécessaires.

Ces exemples montrent bien que si, en matière de droit social, ainsi que notre histoire en fait foi, nous avons le tempérament révolutionnaire, en matière économique, au contraire, nous nous enfermons facilement dans le fait accompli, c'est-à-dire dans la routine qui, à notre époque moderne, est plus que jamais l'adversaire du progrès. Pour lutter, il nous paraît alors plus commode de nous retourner vers l'État et de lui demander de rétablir l'équilibre par des droits protecteurs nouveaux ou par un renforcement des droits déjà établis. Le système des tarifs douaniers se trouve ainsi faussé. Car s'il doit aider l'industrie à triompher d'embarras plus ou moins durables, il ne doit en aucun cas devenir une prime à la paresse. Et j'ai pu me rendre compte, lorsque j'ai été à la Chambre des Députés rapporteur de la nouvelle loi douanière promulguée en 1910, qu'il ne manque pas d'industriels pour se faire du système protecteur une idée aussi subversive que celle que je viens d'exprimer.

La méthode industrielle allemande ne procède pas ainsi. Elle ne cède rien à la routine, elle ne se rebute pas d'avance devant les initiatives à prendre et les difficultés à surmonter, ayant confiance, pour triompher de celles-ci, dans la persévérance des moyens d'action et dans une organisation du contrôle qui continue, détails compris, jusqu'à ce que le résultat visé soit obtenu.

Aussi les esprits superficiels pourront à leur aise attaquer cette méthode ou la réduire à l'état de caricature, ils n'en détruiront pas la véritable valeur positive attestée par des preuves et des faits qui, comme toutes les vérités, défient toute critique. Ce n'est pas une raison, parce que l'expérience de ces derniers temps montre à tous les yeux que l'Allemagne n'a vu dans la science qu'un outil perfectionné de domination brutale et matérielle, pour rejeter avec dédain la leçon que nous pouvons tirer d'un jugement purement objectif et, par conséquent, impartial.

Comme le faisait remarquer, il y a quelques jours, le doyen de la Faculté des Lettres, M. Alfred Croiset, la science allemande est une armée qu'il faut connaître pour lutter avec elle sur tous les points où nous la rencontrons, et Bossuet et Montesquieu notent que Polybe louait les Romains de prendre à leurs ennemis ce qu'ils avaient de meilleur pour les battre. Maniée par d'autres mains, la science, en pénétrant les secrets de la matière, en asservissant celle-ci aux progrès toujours renouvelés des arts et des métiers, ne cessera pas d'obéir à son idéal qui est de se rapprocher de l'humanité. Au contraire, en exaltant la beauté du travail, en diminuant la misère par la multiplication des produits et des échanges, elle relèvera les conditions d'existence du plus grand nombre, elle ouvrira leurs intelligences à la beauté des efforts solidaires et ainsi elle favorisera l'éclosion d'une civilisation dont la loi morale exigera, pour les individus comme pour les nations, toujours plus de justice et toujours plus de liberté.

Cette manière d'interpréter le concours que la science doit apporter au labeur général des peuples, est, d'ailleurs, dans la tradition française, et c'est plutôt le reproche d'avoir toujours trop donné de nous-mêmes, comme ces chevaliers du Moyen Age dont nous nous honorons d'être les descendants, qui pourrait nous être adressé à juste titre. Dans ce sens, aucun changement n'est donc à craindre, et la France restera toujours la nation qui marchera par atavisme à la poursuite de l'idéal. Ce qu'il faut plutôt que nous comprenions, c'est que l'un n'empêche pas l'autre, comme on dit, et que la réussite dans le domaine matériel, au lieu de s'opposer au développement des vastes pensées, peut et doit, au contraire, en aider l'initiative.

Ainsi que je vous le faisais remarquer dans

notre dernier entretien, il semble bien que nous ayons fait effort sur nous-mêmes dans ces derniers temps pour comprendre la valeur de cette vérité. En ce qui concerne les industries chimiques, je vous montrais, en effet, que, dans ces quinze dernières années, leur chiffre d'affaires a plus que doublé, passant de 550 millions à 1 milliard 250 millions, en chiffres ronds. Mais les chiffres relatifs à notre commerce extérieur nous montraient, en même temps, par leur infériorité au regard des importations et particulièrement par rapport aux chiffres allemands, que ces efforts ont été sur beaucoup de points insuffisants parce que nous avons manqué de la confiance que nous devons avoir en nous-mêmes et de la volonté qui surmonte les obstacles.

Puisqu'une rénovation générale se prépare par le succès de nos armes, le moment est donc bien choisi pour faire notre examen de conscience, rechercher les fautes commises et prendre la résolution ferme de les éviter dans l'avenir. Pour découvrir la voie dans laquelle nous devons nous engager, nous n'avons d'ailleurs qu'à procéder parallèlement à l'examen des causes auxquelles nous avons attribué l'expansion industrielle et commerciale de l'Allemagne ; cet examen comparatif nous conduira tout naturellement à la découverte des vérités que nous voulons dégager.

Considérons d'abord les ressources naturelles, agricoles et minières, qui sont dans tous les pays les bases solides sur lesquelles peut s'étayer la fortune industrielle et commerciale.

La surface totale de la France est de 53.646.400 hectares; elle comprend en terres labourables 25.885.000 hectares, en prairies 6.557.000 hectares, en vignes 1.730.000 hectares, en jardins 477.000 hectares. Ces chiffres vous montrent que, malgré le déplacement vers les villes et vers l'industrie d'une partie de sa population rurale, la France reste un pays de richesse agricole, avantagée à ce point de vue encore par la douceur générale de son climat et par la proximité de ses colonies de l'Afrique du Nord.

Productrice de céréales, de fruits, de pommes de terre, de vin, de cidre, de bière, pays d'élevage, ayant à nourrir une population qui n'est guère supérieure à la moitié de celle de l'Allemagne, elle se trouve donc à ce point de vue et par rapport à celle-ci, vis-à-vis de sa classe ouvrière, dans une situation qui rachète, en grande partie tout au moins, l'infériorité du nombre.

Par contre, avec ses 39 millions de tonnes de houille, en regard des 200 millions de tonnes de combustible allemand, la France est nettement défavorisée sous le rapport de la matière première indispensable à l'industrie. Pour réparer en partie cette infériorité, elle possède la houille blanche constituée par les chutes d'eau de nos pays montagneux, des Alpes en particulier, qui représente en moyenne plusieurs millions de chevaux dont quelques centaines de mille sont déjà utilisés par l'électro-métallurgie et la fabrication de quelques produits chimiques, carbure de calcium, cyanamide, chlorates, sodium, etc.

Pour la production du fer nécessaire à la construction des édifices et des appareils de toutes sortes, les 16 millions de tonnes de minerai que nous extrayons annuellement de nos mines, notamment de celles du bassin de Meurthe-et-Moselle, complété par celui qui est en puissance dans nos mines d'Algérie dont l'exploitation est à peine commencée, et par celui du Maroc qu'il conviendra de ne pas oublier, nous placent à ce point de vue dans une situation de premier ordre. Pour les autres métaux, cuivre, plomb, zinc, comme l'Allemagne nous sommes tributaires de l'étranger ; mais nous trouvons un avantage dans la production de l'aluminium grâce à la facilité du traitement électro-métallurgique de l'alumine provenant de nos mines de bauxite des départements du Var et des Bouches-du-Rhône.

Passons maintenant à la recherche des matières premières que nous avons définies dans notre dernière conférence comme étant les sources indispensables à la création des grandes industries chimiques. Pour les pyrites, qui sont la matière première de la fabrication de l'acide sulfurique, nous sommes plus favorisés que l'Allemagne. Nos mines de Saint-Bel en produisent 270.000 tonnes par an. Cette quantité est insuffisante, puisque nous importons annuellement environ 250.000 tonnes de pyrite. Cet ensemble sert à la production d'environ 800.000 tonnes d'acide sulfurique à 66° B.

Pour la soude, le minerai est le chlorure de sodium qui provient des mines de Meurthe-et-Moselle et des marais salants de l'Ouest et du Midi. Notre production est à peu près égale à celle de l'Allemagne; elle s'élève à 1.350.000 tonnes. Il faut noter que cette production s'augmentera après la guerre, puisqu'elle verra s'ajouter, avec le retour de la Lorraine annexée, les mines du bassin de Dieuze et de Château-Salins qui produisent de 80.000 à 100.000 tonnes annuellement. Après la guerre, on peut donc compter que la production du sel pourra s'élever en France à environ 1.500.000 tonnes.

Passons maintenant à la potasse. En France la production de la potasse est à peu près nulle en dehors de la potasse provenant du traitement des résidus de sucreries, les produits du traitement des cendres de bois et des eaux mères des marais salants ne pouvant rivaliser avec ceux des puissantes mines du syndicat de Stassfurt. Mais la situation va complètement changer de face avec le retour de l'Alsace et des mines qui y sont exploitées depuis 1910 dans les environs de Cernay, mines qui, par la loi d'Empire, faisaient partie du syndicat de Stassfurt. La surface de ces mines couvre 200 kilomètres carrés entre Cernay à l'est, Mulhouse à l'ouest, Rœdersheim au nord et Reiningen au sud. Il y a là un gisement de sylvinite, c'est-à-dire de chlorure de potassium presque pur, dont la puissance s'élève à 1.472.058.000.000 tonnes de sels exploitables représentant 300 millions de tonnes de potasse pure. Ce sont là, vous le voyez, des réserves considérables. Actuellement une seule mine, la mine Amélie, est exploitée ; elle occupe le troisième rang dans le syndicat avec un droit de vente de 14,74 millièmes, ce qui représente pour 1912 la vente de 165.000 tonnes de sel. Mais cette mine peut produire à elle seule beaucoup plus puisque sa concession couvre 45.738.000 tonnes de potasse pure valant 62 milliards 500 millions de francs. En France, la consommation actuelle de la potasse — ce sont les chiffres pour 1912 — s'élève à 38.989 tonnes de potasse pure, dont 31.691 tonnes pour l'agriculture et 7.298 pour l'industrie.

Les mines d'Alsace peuvent donc non seulement satisfaire aux besoins de la France, besoins qui iront sans cesse en augmentant avec les progrès de l'industrie et de l'agriculture, mais encore se livrer à une large exportation; sous ce rapport nous pouvons donc dire qu'après la guerre la France échappera au monopole allemand.

Pour l'ammoniaque et ses sels, la situation vaut d'être examinée de près parce qu'elle a avec la production des goudrons de houille nécessaires à l'industrie des matières colorantes, un rapport des plus étroits. Actuellement la production du sulfate d'ammoniaque — en 1912 — atteint en Allemagne 465.000 tonnes, en Angleterre 379.000 tonnes et en France 68.500 tonnes. Ce sulfate d'ammoniaque provient de trois sources différentes : le traitement des eaux-vannes, la distillation de la houille pour la fabrication du gaz et la distillation de la houille pour la fabrication du coke métallurgique.

Le traitement des eaux-vannes, avec l'installation du tout-à-l'égout, ne peut qu'aller en diminuant. La fabrication du gaz, surtout en raison de son emploi si commode pour le chauffage et la force motrice des petites installations, peut encore s'augmenter, fournissant ainsi une augmentation correspondante de sulfate d'ammoniaque. Concurremment avec cette production d'ammoniaque, on récolte le goudron dont le gaz doit être débarrassé et qui contient les hydrocarbures : benzine, toluène, naphtaline, anthracène, etc., qui sont les matières premières des produits colorants dits d'aniline. En France, la quantité de houille distillée par les usines à gaz a atteint, en 1912, 4.495.000 tonnes.

Pour la réduction du minerai de fer, les usines métallurgiques consomment du coke provenant également de la distillation de la houille. Pendant longtemps les matières volatiles condensables provenant de cette distillation n'ont pas été récupérées. Un jour, on s'est avisé que l'on perdait ainsi des quantités considérables de matière utile et on a eu l'idée de construire des installations permettant de condenser les goudrons et les eaux ammoniacales comme on l'a fait de tout temps pour l'industrie du gaz. Comme toujours, à la tête du mouvement de ces installations, nous trouvons les Allemands. Dès l'année 1900, l'Allemagne récupérait 30 °/o des goudrons provenant de la houille mise en œuvre ; en 1910, cette récupération s'élevait à 82 °/o et on peut affirmer qu'à l'heure actuelle elle ne laisse échapper aucun produit volatile de ses cokeries.

C'est ainsi qu'au point de vue de la production du sulfate d'ammoniaque, elle a distancé l'Angleterre qui, autrefois, tenait le premier rang et qu'elle a pu du même coup, en les complétant par une large importation, se procurer ces milliers de tonnes de goudron qui ont servi au développement de son industrie des matières colorantes.

En 1910, l'Angleterre condensait seulement 18 °/₀ des goudrons de la houille mise en œuvre.

En France ce mouvement est à peine commencé ; mais sans entrer dans la discussion relative à la qualité requise pour la houille destinée à la production du coke, il est facile de montrer que, même en l'état actuel des choses, il y a intérêt à généraliser ce mouvenent. En effet, les statistiques publiées par le ministère des Travaux publics indiquent que la quantité de coke consommé par nos usines sidérurgiques correspond à 6.772.000 tonnes de houille dont 3.925.000 de houille française et 2.847.000 de houille étrangère.

D'après M. Solvay, suivant la quantité des matières volatiles contenues dans les charbons à coke, la quantité de goudron varie de 18 à 70 kilos par tonne de goudron produite et la quantité d'ammoniaque de 7 à 17 kilos. En admettant un rendement moyen de 34 kilos de goudron pour les charbons à coke et de 55 kilos pour les charbons à gaz — la Compagnie du Gaz de Paris obtient de 50 à 60 kilos par tonne de houille — on voit donc que la France pourrait annuellement produire 472.000 tonnes de goudron, en même temps qu'elle verrait s'augmenter de 54.000 tonnes sa production de sulfate d'ammoniaque.

En tenant compte de ces données, en tenant compte également que le coke obtenu représente une valeur au moins égale à celui de la houille mise en œuvre, il apparaît donc qu'il nous suffit de prendre en France une initiative analogue à celle de l'Allemagne pour jeter, par la production économique des goudrons nécessaires, les bases de l'édification d'une industrie nationale des matières colorantes, des produits pharmaceutiques et d'autres produits divers. La création de ces industries serait d'ailleurs favorisée à ses débuts par notre système douanier, puisque celui-ci, s'il frappe les produits fabriqués, exempte de droits les goudrons et les carbures et permettrait, par conséquent, l'introduction à bon compte du complément des matières premières qui peu à peu pourraient devenir nécessaires. Je vous ai déjà annoncé qu'avec le concours de l'État une pareille industrie était dès maintenant en création en Angleterre. Il faut espérer que l'État français, par les moyens divers de protection dont il dispose, aidera les initiatives françaises à libérer, dans la même voie, notre pays de la tutelle allemande.

Il faut noter qu'à ce point de vue encore les gisements de potasse d'Alsace arrivent à point donné, puisqu'ils aideront à compléter, par un traitement analogue à celui que subissent déjà les chlorures de sodium et de potassium, l'alcali et le chlore qui sont nécessaires aux diverses fabrications qui pourraient être envisagées.

Pour la production des nitrates, nous sommes, comme l'Allemagne, tributaires des mines du Chili et du Pérou. A ce point de vue, grâce à notre richesse en chutes d'eau, l'amélioration des procédés de synthèse directe ou des procédés qui utilisent l'ammoniaque comme forme de voyage pourra nous créer une situation plus favorable dans l'avenir. Pour l'instant, nous pouvons noter que les avantages de la maîtrise de la mer permettent d'introduire en France les quantités de nitrate qui sont nécessaires non seulement à l'agriculture, mais aussi à la fabrication de ces explosifs qui doivent maintenir jusqu'au bout la supériorité de nos forces militaires.

De ce rapide examen des richesses naturelles, il résulte que si, sur certains points, la France se trouvait nettement en infériorité vis-à-vis de l'Allemagne, il n'en sera plus tout à fait de même après la guerre. Nous retrouverons alors des avantages qui rendront possibles des initiatives auxquelles les conditions économiques d'un nouveau traité, renversant celles qui nous étaient faites par celui de Francfort, achèveront de tracer une route débarrassée des obstacles anciens et sur laquelle la liberté des mouvements permettra de s'engager courageusement.

Mais cela ne suffira pas pour conduire au succès, même si le prestige de la victoire entretient dans nos cœurs, ce qui n'est pas douteux, la puissance de l'action ; il faudra y ajouter l'ensemble de toutes ces vertus que nous mettons à l'heure actuelle au service de la défense de notre race et qui se résument dans la poursuite confiante et opiniâtre d'un succès dont la certitude est assurée par des décisions mûrement réfléchies et vers lesquelles toutes les volontés, conquises par l'expérience et le raisonnement, sont délibérément disciplinées et tendues. Ce système n'est pas celui de la machine allemande qui s'arrête dès qu'un des rouages vient à fléchir ; c'est un système où chacun est mis à sa place pour donner son effort conscient, ainsi que le veut notre tempérament national, et dont la supériorité tient précisément dans la souplesse et la variété des moyens.

Appliquée à l'industrie, cette méthode nécessite, dans nos organisations anciennes, un certain nombre de modifications destinées à les rajeunir, modifications sans lesquelles le but poursuivi ne serait encore une fois qu'imparfaitement atteint.

Et c'est ici, nous l'avons vu, que les institutions allemandes, dans l'ordre de l'enseignement technique, de l'organisation scientifique des usines, de la législation de la propriété industrielle et du fonctionnement des sociétés de crédit, sont à méditer; elles nous offrent un plan, qu'il n'est pas dans ma pensée d'accepter *ne varietur,* mais dont la comparaison avec celui qui nous a servi de guide jusqu'ici nous inspirera néanmoins les réflexions qui précèdent les réformes utiles.

Nous avons vu que, grâce à son enseignement technique créé dès le début du dix-neuvième siècle et développé du haut en bas par des institutions se prêtant un mutuel appui, l'Allemagne, au moment où les progrès de la chimie poussaient l'industrie vers une transformation féconde en résultats, avait pu mobiliser l'armée de spécialistes capables de répondre à ces besoins nouveaux.

Il n'en fut pas de même en France. Aussi, quand on songe, pour ne citer que quelques cas, à tout ce que les industries de fermentation doivent aux travaux de Lavoisier et de Pasteur et à tout ce que l'utilisation des matières grasses doit aux découvertes de Chevreuil; quand on constate que la synthèse est sortie du laboratoire de Berthelot et que la fabrication des matières colorantes dites d'aniline a comme origine les découvertes de Lauth, de Roussin, de Schützenberger, etc. ; quand on ajoute à cela, dans l'ordre de la chimie minérale, que le procédé dit de Solvay, qui devait révolutionner l'industrie de la soude, fut réalisé dès 1855 par mon vénéré collègue et maître M. Schlœsing père ; quand, en un mot, on observe que depuis le début du siècle dernier la chimie française n'a pas cessé d'aider les industries les plus diverses à sortir de leurs errements routiniers et à rénover leurs méthodes de travail, on est tout surpris d'un pareil état de choses.

Il tient cependant à une double cause.

Tout d'abord, c'est que les savants français, confinés dans la beauté de la recherche pure, satisfaits par la joie intérieure que procure la pénétration d'un secret de la nature, n'ont pas vu que l'horizon ne se bornait pas aux fenêtres du laboratoire dans lequel ils se plaisaient. D'autre part, l'idée de battre monnaie avec les découvertes qu'ils faisaient leur est apparue comme indigne de la haute spéculation dans laquelle ils vivaient et ils ont semé généreusement sans songer que la récolte que la patrie pouvait faire n'empêchait pas l'humanité tout entière d'en profiter. Vue de loin, l'industrie leur a semblé un lieu où la précision de leurs méthodes n'avait pas chance d'être comprise et ils n'y ont pas pénétré.

De leur côté, les industriels, éloignés du

contact de la science, n'ont pas compris que de même que rien ne s'était créé sans qu'elle y ait plus ou moins pris part, rien ne pouvait se perfectionner sans ses conseils. Imbus de l'idée, — et il n'en est pas de plus fausse, — que la théorie et la pratique sont étrangères l'une à l'autre, ils ont considéré surtout que les spécialistes, avant de donner des résultats, augmentaient d'abord les frais généraux, et dans la plupart des cas ils ont préféré s'en remettre, pour conduire leurs fabrications, à la bonne volonté routinière de leurs contremaîtres et de leurs ouvriers.

Et c'est ainsi qu'au moment où, sous l'impulsion des découvertes scientifiques, l'industrie française aurait dû se lancer hardiment, comme l'industrie allemande, dans la voie de la réalisation, elle ne put pas suivre le mouvement, d'une part parce que les laboratoires étaient à peu près vides de chimistes tournés vers l'industrie, d'autre part parce que ceux qui existaient ne furent que médiocrement utilisés.

Il est juste de reconnaître, à l'heure actuelle, que la situation, dans un sens comme dans l'autre, s'est considérablement modifiée. A l'appel que M. Lauth avait formulé lors de l'Exposition de 1878, la ville de Paris répondit généreusement par la création de l'École de Physique et de Chimie industrielles dirigée successivement par

Schützenberger, Lauth lui-même et Haller qui est actuellement à sa tête, école qui, en se perfectionnant sans cesse pour s'adapter aux conditions mouvantes de l'industrie, reste par sa valeur le modèle du genre. Puis ce fut le tour de l'Université de Nancy qui, sous les auspices de M. Haller, créa son Institut chimique, de l'Université de Paris et d'un grand nombre d'Universités de France qui ouvrirent leurs portes à l'enseignement de la chimie appliquée. D'autres institutions, École des Industries agricoles de Douai, École de tannerie annexée à l'Institut chimique de Lyon, laboratoires divers, sont venues s'ajouter à ces créations. Et celles-ci se compléteront après la guerre par le retour de l'École de chimie de Mulhouse, d'ailleurs de création française, spécialisée dans les questions de teinture et d'impression, qui nous apportera, pour la formation des spécialistes, un concours des plus précieux. Tout cet ensemble, complétant celui des grandes écoles déjà existantes, formera un tout capable de fournir à nos industries nationales les plus diverses les techniciens destinés à les diriger dans la voie du progrès.

Ainsi, pour la création de cet état-major nécessaire à la conduite de toutes les entreprises, un pas considérable a été fait dans ces derniers temps.

Mais dans l'ordre subalterne il reste à faire

un progrès tout aussi important. Dans l'armée industrielle comme dans l'autre, l'état-major ne suffit pas ; il faut qu'il ait sous ses ordres des troupes entraînées et pouvant, par la compréhension des actes particuliers qu'on leur demande d'exécuter, apporter leur part de collaboration intelligente à la poursuite du but envisagé.

A cet égard, le perfectionnement apporté par l'ouvrier dans la forme ou la manœuvre de son outil est aussi utile que peut l'être une conception nouvelle apportée par la direction dans le fonctionnement du procédé qu'elle emploie. Autrement dit, dans l'usine, tous les services doivent se prêter une aide efficace, et cela n'est possible que si chacun, petit ou grand, connaît le pourquoi de son action. C'est ce que les Allemands ont parfaitement compris en créant ce réseau d'écoles techniques qui, des voyageurs aux contremaîtres et de ceux-ci aux ouvriers et aux apprentis, entreprennent de donner à chacun, dans la mesure qui convient, la science qui lui est nécessaire au rang qu'il occupe.

En France, cette œuvre est à peine ébauchée. Ce n'est pas que l'État, les communes, les chambres de commerce et d'autres initiatives privées n'aient créé déjà de nombreuses écoles professionnelles qui, pour certains métiers et dans certaines régions, rendent d'utiles services ;

mais les statistiques montrent que ces créations ne sont que le bourgeon de la branche qu'il faut faire produire à l'arbre de l'enseignement général.

En effet, le nombre des adolescents de treize à dix-huit ans étant en moyenne de 3.216.000, moitié filles, moitié garçons, on en compte 145.000 seulement, 23.000 dans les écoles techniques, 70.000 dans les écoles subventionnées par l'État et 52.000 dans les cours d'initiative privée, soit un douzième des 1.845.000 adolescents pourvus d'une profession qui reçoivent une éducation complémentaire préparant leur avenir industriel, commercial ou agricole. Ce qui veut dire que onze douzièmes de nos jeunes gens sortant de l'école primaire sont moralement abandonnés et risquent ainsi, dans toutes sortes de promiscuités, de devenir des forces perdues pour la nation.

Pour remédier à cet état de choses, des projets de loi ont été déposés, de savants rapports ont été élaborés [1]. Mais, par suite du cours ondoyant de la politique, par suite aussi, il faut bien le dire, des rivalités qui existent à ce sujet entre le ministère de l'Instruction publique et ceux du Commerce et de l'Agriculture, jamais leur discussion n'a pu être ouverte devant le Parlement.

(1) Projet de loi Dubief. — Rapports des députés Astier et Verlot.

Il faut cependant qu'elle le soit; par moralité d'abord, car il n'y a pas de pire danger pour une nation que de laisser ses enfants livrés à eux-mêmes et, par conséquent, à toutes les passions, à l'heure où leur intelligence se développe; et par intérêt ensuite. Ce n'est que le jour où, aux œuvres sans lien qui existent, nous aurons substitué un enseignement technique national ayant son corps de doctrines, graduant ses connaissances depuis l'apprentissage jusqu'aux cours supérieurs et permettant à chaque élève, suivant son intelligence, de s'arrêter en route ou de s'élever jusqu'au sommet, que nous aurons réalisé le programme qui permettra de mobiliser le personnel capable, par sa valeur d'ensemble, d'utiliser au maximum les moyens sans cesse accrus que le progrès des sciences met au service de l'industrie mondiale.

Il faudra aussi que, comme l'ont fait les Allemands, nos industriels généralisent le bon mouvement qui depuis quelque temps les a rapprochés des laboratoires qui ne demandent qu'à les accueillir. Dans cette voie aussi un grand pas a été fait, mais il est insuffisant. Trop d'industriels sont encore imbus de l'idée que le spécialiste, chimiste ou autre, coûte toujours plus cher qu'il ne rapporte; ils lui font ainsi un salaire de famine ou s'en passent complètement. Ce n'est, au contraire, qu'en lui témoignant leur confiance, en l'intéressant à leurs affaires, autrement dit en le libérant de tout souci matériel, qu'ils profiteront pleinement de ses connaissances et que, par son contrôle incessant, son esprit inventif, ils maintiendront la technique de leur fabrication à la hauteur qu'exigent de plus en plus la loi de la concurrence et la loi du progrès.

Mesdames, Messieurs, le programme que je trace au fur et à mesure des observations que me suggère la comparaison à laquelle je me livre depuis le début de ces conférences ne serait pas complet si, comme je l'ai fait pour l'Allemagne, nous ne jetions un coup d'œil sur les diverses institutions qui ont un rapport direct avec les inventions et la facilité plus ou moins grande qui en permet l'exploitation dans notre pays.

Examinons d'abord la législation française de la propriété industrielle.

La loi allemande date du 25 mai 1877, la loi française est du 5 juillet 1844. L'une est jeune, en rapport avec les exigences modernes ; l'autre est vieillie et date d'une époque où on ne pouvait prévoir ce développement scientifique vertigineux qui a multiplié les inventions. La loi allemande accorde les brevets après examen et les garantit ; la loi française les accorde aveuglément et ne les garantit pas.

Il n'y a donc pas chez nous cette première

sélection qui est si avantageuse pour nos voisins et la propriété n'existe qu'après que les tribunaux, ayant à juger la contrefaçon, se sont prononcés d'après un rapport d'experts nommés pour examiner la valeur de l'invention soumise au procès. Ce dernier est toujours très long, et on en pourrait citer qui ont duré presque autant que la propriété qu'il s'agissait de sauvegarder. Une telle législation favorise évidemment les contrefacteurs et les avocats et on conçoit qu'elle appelle un remaniement urgent, si on veut créer ce courant de confiance qui a si bien réussi aux Allemands dans la direction des capitaux vers l'industrie par le moyen des sociétés anonymes.

L'usage que nous faisons en France de ces sociétés appelle aussi quelques réflexions, et je me souviens à ce sujet des comparaisons que me faisait il y a déjà longtemps un grand industriel alsacien qui m'avait ouvert largement ses usines pour en étudier de près les installations et le fonctionnement. En Allemagne, le capital de ces sociétés est toujours entièrement versé et les administrateurs peu nombreux et toujours compétents. En France, le capital qui fonctionne est presque toujours grevé d'actions d'appellations diverses dont l'argent n'est pas entré dans la caisse et qui souvent rémunèrent des concours qui n'apportent à l'affaire aucune activité dans l'exécution. C'est une faute, d'une part, parce que la récompense doit toujours aller à celui qui travaille, d'autre part, parce qu'une industrie, surtout pour se mettre en route, n'a jamais trop d'argent et que celui qui manque ainsi pour vaincre les difficultés inhérentes à tout début, s'il n'amène pas l'insuccès de l'affaire, traîne sa réussite en longueur au préjudice de ceux qui ont payé en espèces sonnantes la confiance dont on les a pénétrés.

Au moment où nous avons besoin en France de renouveler l'esprit d'entreprise, ces vérités doivent nous apparaître clairement et doivent se compléter par celles que nous avons effleurées dans notre dernier entretien au sujet du rôle de la banque en Allemagne et en France.

En Allemagne, c'est en union étroite avec l'industrie et le commerce que les établissements de crédit ont fonctionné au grand avantage du travail national. En France, sauf quelques établissements de l'Est et de l'Alsace, qui, plus près du Rhin, ont subi l'influence et compris les services que leur intermédiaire pouvait rendre, la banque s'est bornée à placer du papier, bon ou mauvais, sans se préoccuper d'autre chose que de la commission que ce placement représente. Le résultat en est que l'or du bas de laine français, au lieu de servir à faire prospérer les industries, à en créer de nouvelles, et à entretenir l'activité favorable au développement des affaires du pays, est allé travailler au profit de l'étranger, sans en excepter l'ennemi qui nous le retourne de la manière que vous savez.

Il est à souhaiter qu'à l'avenir les choses se passent autrement et que l'épargne française, mûrie par l'expérience des désastres et des scandales financiers qu'elle a parfois supportés, comprenne qu'elle doit, avant tout, servir à organiser et à aider la prospérité nationale. Elle accomplira ainsi une œuvre saine, et l'exemple de l'Allemagne est là pour lui montrer qu'elle trouvera dans des bénéfices certains la récompense de sa sagesse et de son patriotisme.

Enfin, pour terminer cette sorte de revue des réformes qui s'imposent et dont je n'envisage que les plus générales, je voudrais vous dire quelques mots des difficultés qui s'accumulent dans l'état actuel des choses devant les projets de création d'industries nouvelles, difficultés qui paralysent ou annihilent les initiatives les plus fécondes.

Le décret qui range en trois classes les industries diverses suivant leurs dangers d'incommodité ou d'insalubrité, date de 1810. Il n'est pas douteux que, depuis cette époque, les méthodes des anciennes industries se sont modifiées, tandis que de nouvelles se sont créées, de sorte que l'ancienneté de ce décret prouve à elle seule que son remaniement ne serait pas inutile. Ce décret confie l'examen technique des demandes de nouvelles créations à des commissions d'hygiène qui formulent après enquête publique un avis qui est ensuite soumis à l'approbation du préfet de police pour le département de la Seine et du préfet pour les autres départements.

Et c'est ici que les difficultés commencent. En effet, par crainte de voir s'établir une usine nouvelle, les intérêts concurrents s'émeuvent, s'agitent, et cela avec d'autant plus d'énergie qu'ils sont plus puissants. Par des campagnes de presse habilement menées, par les influences qu'ils possèdent sur les lieux, ils répandent auprès des municipalités et des habitants, dont l'incompétence augmente la crédulité, une sorte de terreur qui se traduit par des protestations d'autant plus violentes que souvent les dangers sont plus illusoires.

A la vérité, ces protestations, lorsqu'elles ne sont pas justifiées, ne rencontrent pas beaucoup de crédit auprès des commissions d'hygiène qui savent que l'impartialité doit être la règle de leur conduite. Mais l'émotion produite a souvent plus de prises sur l'administrateur qui, ayant la signature, a la responsabilité. Les influences agissent sur lui ; au besoin la politique s'en mêle et souvent il signe contrairement à l'avis affirmatif de ses conseillers, s'en remettant au Comité consultatif des Arts et Manufactures et au Conseil d'État du soin d'appliquer la loi. C'est ainsi que de nombreuses demandes sont illégitimement rejetées ou attendent plusieurs années avant d'être solutionnées, au grand détriment des capitaux qui ont été réunis pour exploiter l'usine en instance de création.

Je n'ai pas besoin d'insister longuement pour vous faire comprendre qu'un semblable régime n'est pas favorable aux initiatives industrielles et que les difficultés qu'il a souvent créées jusqu'ici et qui n'existent qu'en France doivent disparaître si on veut faire régner après la paix l'atmosphère propice au développement de ces fabrications qui sont le monopole de l'Allemagne et dont l'absence nous cause à l'heure actuelle un si grand préjudice.

Je note également que, pour faciliter la création et l'existence de certaines industries, il y a lieu d'appliquer intelligemment notre tarif douanier et d'accorder à certaines matières soit un complément de protection, soit les conditions d'exemption dont elles sont actuellement privées. Il faudra aussi créer un régime spécial à l'alcool destiné à l'industrie dont les droits actuels trop élevés ne permettent pas l'emploi pour diverses fabrications (1).

---

(1) En Allemagne, l'alcool éthylique, l'éther, l'acide acétique et le sel destinés aux usages industriels sont exempts de droits.

Enfin, il sera nécessaire de reviser nos tarifs de chemins de fer de façon à rendre plus pratique et moins onéreux le transport de certains produits, intermédiaires indispensables de l'industrie, qui sont à l'heure actuelle frappés d'une véritable prohibition par les conditions qui leur sont faites.

Telles sont les réflexions principales que m'inspire et les modifications qu'appelle, dans ses diverses manifestations, l'état actuel de notre régime industriel et commercial; les unes sont du domaine général et législatif, les autres du domaine individuel. Si les efforts des uns et des autres veulent se compléter pour profiter des leçons du passé, si, de plus, l'armée du commerce, initiée elle aussi à la connaissance technique des produits fabriqués, veut se mettre en route, si enfin notre Office du Commerce extérieur et nos consuls veulent être eux-mêmes, par les renseignements qu'ils peuvent recueillir sur les besoins de l'étranger, les collaborateurs de nos industriels, les bases seront jetées d'un nouvel édifice économique dont rapidement on pourra mesurer la grandeur.

Mesdames, Messieurs, j'ai terminé. Au cours de ces trois longues conférences, j'ai essayé de tracer le programme minimum au moyen duquel nous pouvons dans l'avenir échapper à l'emprise industrielle et commerciale de l'Allemagne et nous élever peu à peu à une situation économique qui consolidera, au grand avantage de la civilisation générale, l'ascendant moral que la France possède dans le monde.

Quand plus tard on pourra mesurer le concours que la puissance de son industrie et de son commerce a donné à l'Allemagne durant la guerre, non seulement pour augmenter ses moyens de défense intérieure, mais aussi par la crainte qu'elle a fait régner sur les États neutres, on mesurera mieux la faute que nous avons commise de ne pas pouvoir, au jour du rendez-vous et sur le même terrain, lui opposer les mêmes organes de résistance.

Il faut que la leçon nous soit profitable. La guerre va laisser derrière elle des désastres de toute nature. Pour les réparer, il faut créer de la richesse, et ceci ne peut se faire que si, devant l'initiative laborieuse qu'il va falloir montrer, la nation tout entière, du grand au petit, maintient l'énergie et la solidarité qu'elle a déployées dans le devoir militaire.

Au lendemain du traité de Francfort, le kronprinz Frédéric, père du Kaiser actuel, en inaugurant le Musée des Arts industriels de Berlin, s'écriait : « Nous avons vaincu sur les champs de bataille de la guerre ; nous vaincrons maintenant sur les champs de bataille de l'industrie. »

La justice immanente, dont parlait Gambetta, nous apporte la revanche longtemps attendue, et demain c'est avec l'auréole d'une nouvelle victoire du droit que, suivant notre tradition, nous allons nous présenter devant l'humanité encore une fois reconnaissante. Tout en restant nous-mêmes, profitons à notre tour de notre victoire pour nous libérer d'une tutelle qui n'est digne ni de notre science, ni de notre activité; et pour cela répétons sans cesse le mot que le grand républicain dont je viens d'évoquer le nom donnait comme mot d'ordre à la jeunesse des écoles : Travaillons ! (*Vifs applaudissements.*)

NANCY-PARIS, IMPRIMERIE BERGER-LEVRAULT

NANCY-PARIS, IMPRIMERIE BERGER-LEVRAULT

www.ingramcontent.com/pod-product-compliance
Ingram Content Group UK Ltd.
Pitfield, Milton Keynes, MK11 3LW, UK
UKHW022120190726
13855UKWH00003B/974

9 782013 412452